物业管理·物业设施管理专业通用系列教材

FANGWU GOUZAO YU
WEIHU GUANLI

第2版

房屋构造与维护管理

⊙ 郑 鹭　纪晓东　编著

清华大学出版社
北京

内 容 简 介

本书简明扼要且系统地讲述了房屋基础与地下室、墙体、楼地层、楼梯、门和窗、屋顶、房屋维护管理、房屋建筑的查勘与鉴定、房屋基础与房屋结构的维护、楼地面维护、屋面与地下防水工程维护、门窗与装饰工程维护等内容。第 2 版全部内容均结合最新的国家标准与强制规范编写，并在每一章增加了"学习目标"、"导言"、"本章小结"和"思考与讨论"等辅助学习内容。

本书既可作为物业管理专业的本科和高职学生用书，也可作为房地产专业、工程管理专业、土木工程等专业参考用书，还可作为物业管理公司及员工日常工作及物业执业管理资格考试的参考用书。

本书封面贴有清华大学出版社防伪标签，无标签者不得销售。
版权所有，侵权必究。举报：010-62782989，beiqinquan@tup.tsinghua.edu.cn。

图书在版编目（CIP）数据

房屋构造与维护管理/郑鹭，纪晓东主编．—2 版．—北京：清华大学出版社，2010.3（2024.8重印）
（物业管理·物业设施管理专业通用系列教材）
ISBN 978-7-302-21633-9

Ⅰ. ①房… Ⅱ. ①郑… ②纪… Ⅲ. ①建筑构造-高等学校-教材 ②建筑物-修缮加固-高等学校-教材 Ⅳ. ①TU22 ②TU746.3

中国版本图书馆 CIP 数据核字（2009）第 231949 号

责任编辑：杜春杰　汪永涛
封面设计：张　岩
版式设计：侯哲芬
责任校对：焦章英
责任印制：宋　林

出版发行：清华大学出版社
网　　址：https://www.tup.com.cn，https://www.wqxuetang.com
地　　址：北京清华大学学研大厦 A 座　　邮　编：100084
社 总 机：010-83470000　　邮　购：010-62786544
投稿与读者服务：010-62776969，c-service@tup.tsinghua.edu.cn
质量反馈：010-62772015，zhiliang@tup.tsinghua.edu.cn

印 装 者：天津鑫丰华印务有限公司
经　　销：全国新华书店
开　　本：185mm×230mm　　印　张：17.5　　字　数：371 千字
版　　次：2010 年 3 月第 2 版　　印　次：2024 年 8 月第 13 次印刷
定　　价：49.80 元

产品编号：034725-02

编委会

(以汉语拼音为序)

顾　问　郝寿义　胡代光　胡健颖　胡乃武
　　　　　王健林　谢家瑾　郑超愚　朱中一
主　任　董　藩
副主任　郭淑芬　赵继新
编　委　纪晓东　李　英　刘　薇　刘　毅
　　　　　秦凤伟　王家庭　郑　鹭　周　宇

顾 问 简 介

(以汉语拼音为序)

郝寿义 著名经济学家，房地产管理专家，美国芝加哥大学博士后，南开大学经济学院教授、博士生导师，原建设部（现为住房和城乡建设部）高等教育工程管理专业评估委员会委员，中国区域科学协会副会长，天津市滨海新区管委会副主任。

胡代光 著名经济学家，教育家，北京大学经济学院和西南财经大学经济学院教授、博士生导师，曾任北京市经济总会副会长和民革中央第六届、第七届常委，第七届全国人大常委，享受国务院特殊津贴。

胡健颖 著名经济学家，统计学家，营销管理专家，房地产管理专家，北京大学光华管理学院教授、博士生导师，北京大学房地产经营与管理研究所所长，原建设部（现为住房和城乡建设部）特聘专家，北京布雷德管理顾问有限公司首席顾问。

胡乃武 著名经济学家，教育家，中国人民大学经济学院教授、博士生导师，中国人民大学学术委员会副主任，北京市经济总会副会长，国家重点学科国民经济学学术带头人，享受国务院特殊津贴。

王健林 著名企业家，大连万达集团股份有限公司董事长兼总裁，全国工商联副主席，全国政协常委，中国房地产业协会副会长，入选"20年20位影响中国的本土企业家"和"CCTV中国2005经济年度人物"。

谢家瑾 著名物业管理专家、房地产专家，中国物业管理协会会长，原建设部房地产业司司长，中国物业管理制度建设的核心领导者。

郑超愚 著名经济学家，中国人民大学经济研究所所长、教授、博士生导师，霍英东青年教师研究基金奖和中经报联优秀教师奖获得者，美国富布赖特基金高级访问学者。

朱中一 著名房地产专家，中国房地产业协会副会长兼秘书长，原建设部办公厅主任，多项房地产法规、文件的起草人之一。

序

自1981年3月深圳市物业管理公司成立以来,物业管理行业在中国大陆已经走过了30年的发展历程。现在物业管理已经成为一个新兴而飞速发展的行业,就业人口数量已近500万人,可以和钢铁、水泥行业相媲美。随着房地产业的发展,现在的住宅存量加上新建住宅,累计产生的服务需求将是长期而巨大的,物业管理还有巨大的发展空间,从业人员数量可能超过1000万人。正如著名经济学家胡乃武所言:"加强对这一行业发展的规划、指导与管理,以及对服务人员的培养与培训,将是一项长期而重要的工作。"

2005年,我们在万达集团、清华大学出版社和一些学术前辈的支持下,出版了"物业管理·物业设施管理专业通用系列教材"。在三四年的时间里,这套教材被上百家高校和培训机构采用,引起了普遍关注,业内给予了较高的评价。由于物业管理和物业设施管理是教育部批准新设立的专业,在课程设置、教学内容与方法上都处于探索阶段,从此角度来说,这套教材的意义还是很明显的。

但是,正如著名企业家、全国工商联副主席、大连万达集团董事长王健林在这套教材第1版序言中说的那样:"教育的发展要适应经济、社会发展的需要,否则人才缺乏的局面将继续成为房地产业的瓶颈而制约着这一行业的健康发展。"当初我们精心打造的这套教材,在快速发展的中国物业管理实践面前,也逐渐暴露出一些问题:一是物业管理行业出现了一些新观点、新内容、新知识,需要我们在教材中体现出来,以便及时传授给学生;二是这几年国家和地方政府或政府的主管部门分别出台了一些与物业管理相关的新法规,过去有些规定已经不适应管理实践了;三是我们使用的一些案例已显陈旧,需要更新,使这套教材显示出生命力。基于这三点想法,在清华大学出版社的支持下,我们决定对其中八本教材进行修订,以更好地适应教学实践的需要。

在这次修订中,我们还试图和全国物业管理师考试科目——《物业管理基本制度与政策》、《物业经营管理》、《物业管理实务》和《物业管理综合能力》中的内容结合起来,以便学生能较早熟悉这种执业资格考试,在内容和难度上适应将来的考试需要。

随着中国对外开放工作的深化,物业管理领域也开始了面对境外同行的全面竞争,来自美国、英国的一些知名企业正在全力拓展中国市场业务。它们具有技术优势、价格优势、体制优势,尤其是在高档物业管理、环保高新技术、大型机械设备管理等方面优势明显。因此,中国的物业管理企业处于机遇与挑战并存的发展环境中,不论是从行业的健康发展来看,还是从服务质量的提高来看,也不论从企业竞争力的提升来看,还是从国际经济一体化的趋势来看，加强物业管理教育、培养高水平的物业管理人才，已经成为摆在我们财经和工程管理教育工作者面前的重要任务。我们希望这套新修订的教材，能够适应高职高专、成人院校甚至应用型本科院校开设的物业管理、物业设施管理专业教育，为物业管理、物业设施管理人才的培养作出贡献。

  在这套丛书的修订过程中，我们参阅了很多教材、著作、论文和新闻稿件，在每本书的注释或参考文献中我们对此分别做了列示，在此对这些文献的作者表示感谢。但是，这些教材可能还存在一些错误或不足之处，欢迎大家批评指正，以便下次修订时加以完善。

董　藩

2010 年 1 月

第 2 版前言

本书是"物业管理·物业设施管理专业通用系列教材"中的一本，在原第一版的基础上修订而成。全书分上下两篇，上篇主要讲述了房屋构造的一些基本知识，包括：房屋建筑构造概论、基础与地下室、墙体、楼地层、楼梯、门和窗、屋顶等 7 章；下篇简要介绍了房屋维护与管理方面的基本内容，包括：房屋维护管理概论、房屋建筑的查勘与鉴定、房屋基础与结构的维护、楼地面维护、防水工程维护、门窗与装饰工程维护等 6 章。本书可供物业管理和物业设施管理专业的学生以及相关从业人员使用，并可作为全国物业管理师职业资格考试的参考用书。

本书第一版自出版以来，已经过去四年多了，在使用中，本书受到广大读者特别是一些大专院校相关专业师生的欢迎，并被选作教材和培训用书。随着时间的推移，一些新的政策法规陆续推出，第一版中的部分内容已显陈旧，需要及时更新并增加与当前发展相适应的内容，因此对本书进行了修订。

本次修订，主要是根据国家现行最新版本的规范、标准、管理办法，并结合本行业发展中出现的一些新内容、新知识及工程实际进行的。同时，本着"简明、科学、实用"的原则，对教材的体例做了适当修改，书中各章增加了"学习目标"、"导言"、"小结"和"思考与讨论"几部分内容，并提供配套的 PPT 课件光盘，以方便读者学习和使用。全书的修订工作由纪晓东负责完成，同时感谢北京师范大学徐青老师和清华大学出版社杜春杰老师的全力帮助。

在本书的编写与修订过程中，我们查阅和参考了国内许多学者同仁的著作和国家发布的最新法规和相关行业规范，除在参考文献中列出外，在此向这些书刊的作者们顺致深深的谢意！限于编者水平，错误与不当之处，欢迎批评指正。

编　者

2010 年 2 月

第 1 版前言

在北京师范大学管理学院教授、博士生导师董藩先生的支持下,《房屋构造与维护管理》一书经过大家近一年的努力终于与读者见面了。

我从 1985 年 9 月开始从事《房屋建筑学》的教学工作,但都是面向土木工程专业,面向物业管理和物业设施管理专业组织编写教材还是第一次。在编写本书提纲时,董藩教授就多次提醒我们要注重教材的实用性,要通过强化对房屋构造知识的学习,使学生掌握房屋维修和养护的基本程序和方法,要使此书不仅成为物业管理和物业设施管理专业学生的教科书,同时成为物业管理企业技术人员的工具书。为此,几位编写人员曾多次深入物业管理企业进行调研,并几次修改写作提纲,最后本着"简明、科学、实用"的原则,确定了本书的写作深度与覆盖面。

《房屋构造与维护管理》作为物业管理和物业设施管理专业学生最重要的专业课之一,重在培养学生的识图能力、设计能力与管理能力。通过对该课程的学习,使学生了解和掌握国家在房屋建筑构造方面的相关规范,掌握房屋建筑构造的基本原理与方法,掌握房屋维修的基本程序和内容,并对房屋建筑定期检查与保养的基本模式有所了解,为后续专业课程的学习奠定基础。

本书共分上、下两篇。上篇主要介绍房屋构造的基本理论与方法,是本书的重点;下篇简要介绍了房屋维护管理的基本程序和内容。全书的写作以郑鹭为主,王庆春、汤静参与了下篇的编写,全部构造图由李靖、王闯、杨康、吕冬梅、段寅等绘制,郑鹭对图面进行了修正。在编写此书过程中我们参考了许多专家学者的著作,在此向他们表示诚挚的谢意!

由于编者水平有限,错误与不妥之处在所难免,请读者批评指正,以便在今后的修订过程中加以完善。

郑 鹭
2005 年 12 月于大连

CONTENTS

目录

| 上 篇 |

第一章 房屋建筑构造概论 2
学习目标 2
导言 2
第一节 建筑物的构造组成 2
第二节 建筑构造的影响因素与设计原则 4
本章小结 6
思考与讨论 6

第二章 基础与地下室 7
学习目标 7
导言 7
第一节 基础 7
第二节 地下室 15
本章小结 20
思考与讨论 21

第三章 墙体 22
学习目标 22
导言 22
第一节 墙体的类型及设计要求 22
第二节 砖墙构造 29
第三节 隔墙构造 50
第四节 框架填充墙 56
第五节 墙面装修 59
本章小结 69
思考与讨论 69

CONTENTS

目录

第四章 楼地层 70
    学习目标 70
    导言 70
    第一节 楼板层 70
    第二节 地坪层 78
    第三节 阳台与雨篷 89
    本章小结 95
    思考与讨论 95

第五章 楼梯 97
    学习目标 97
    导言 97
    第一节 楼梯的类型与组成 97
    第二节 预制装配式钢筋混凝土楼梯构造 102
    第三节 现浇整体式钢筋混凝土楼梯构造 104
    第四节 楼梯的细部构造 105
    第五节 室外台阶与坡道构造 112
    第六节 电梯与自动扶梯 114
    本章小结 120
    思考与讨论 121

第六章 门和窗 122
    学习目标 122
    导言 122
    第一节 门窗的形式与尺度 122
    第二节 木门窗构造 126
    第三节 钢门窗构造 135
    第四节 铝合金门窗及塑料门窗 138

CONTENTS

目录

本章小结 144
思考与讨论 144

第七章 屋顶 145
学习目标 145
导言 145
第一节 屋顶的类型和设计要求 145
第二节 屋顶排水设计 148
第三节 卷材防水屋面构造 153
第四节 刚性防水屋面构造 165
第五节 涂膜防水屋面构造 170
第六节 瓦屋面构造 173
第七节 吊顶棚构造 187
第八节 屋顶保温与隔热 192
本章小结 201
思考与讨论 202

下 篇

第八章 房屋维护管理概论 204
学习目标 204
导言 204
第一节 房屋维护的含义与意义 204
第二节 房屋维修管理 208
第三节 房屋养护的要求 210
本章小结 212
思考与讨论 213

CONTENTS

目录

第九章 房屋建筑的查勘与鉴定......214
 学习目标......214
 导言......214
 第一节 房屋查勘的内容和方法......214
 第二节 房屋完损等级的评定......217
 第三节 危险房屋的鉴定与处理......223
 本章小结......229
 思考与讨论......230

第十章 房屋基础与结构的维护......231
 学习目标......231
 导言......231
 第一节 房屋基础的维护......231
 第二节 房屋结构的维护......234
 第三节 房屋结构的加固......237
 本章小结......241
 思考与讨论......242

第十一章 楼地面维护......243
 学习目标......243
 导言......243
 第一节 水泥砂浆楼地面的维修......243
 第二节 楼地面日常养护管理工作......245
 本章小结......246
 思考与讨论......246

第十二章 防水工程维护......247
 学习目标......247

CONTENTS

导言 247
第一节 屋面防水的养护 247
第二节 地下防水工程的维护 249
第三节 卫生间防水工程的维护 251
本章小结 254
思考与讨论 255

第十三章 门窗与装饰工程维护 256
学习目标 256
导言 256
第一节 门窗工程维护 256
第二节 装饰工程养护 258
本章小结 259
思考与讨论 259

参考文献 260

上 篇

- ❖ 第一章　房屋建筑构造概论
- ❖ 第二章　基础与地下室
- ❖ 第三章　墙体
- ❖ 第四章　楼地层
- ❖ 第五章　楼梯
- ❖ 第六章　门和窗
- ❖ 第七章　屋顶

第一章　房屋建筑构造概论

学习目标

1. 掌握建筑物的构造组成，区分承重构件与维护构件。
2. 了解影响建筑构造的因素，掌握建筑构造的设计原则。

导言

房屋建筑构造是一门研究房屋建筑的构造形式、构造组成、材料选择、尺寸大小、构造做法和节点连接的综合性建筑技术学科。其主要任务就是进行构造设计，即根据房屋建筑的使用要求、材料供应情况及施工技术条件，选择既坚固适用又经济美观的构造方案，并以构造图的形式表达出来。

第一节　建筑物的构造组成

建筑物通常主要由基础、墙或柱、楼板层与地坪层、楼梯、屋顶和门窗等部分组成，如图 1-1 所示。

基础位于建筑物最底部，在地面以下与地基相接，是主要承重构件之一，它将建筑物上部的荷载传给地基。

在混合结构中，墙既是承重构件，也是围护构件。当它承受由屋顶或楼板层传来的荷载，并将这些荷载传给基础时，它起着承重作用，被称为承重构件。除了承重以外，外墙能抵御自然界中的各种因素对室内的侵袭；内墙可以分隔空间、组成房间、隔声、遮挡视线，起着围护作用。所以，墙也被称为围护构件。

柱是框架结构或排架结构的主要承重构件，它承受梁或屋架传来的荷载（如屋顶荷载、楼板层荷载、吊车荷载等）。

楼板层是水平方向的分隔与承重构件。它既可以分隔竖向空间，又承受着人、家具和设备等荷载，并将这些荷载传给其下的梁或墙。

地坪层是指房屋底层的地坪，它与楼板层一样承受着人、家具和设备等荷载，并将这些荷载直接传给地基。

楼梯是房屋的垂直交通工具，作为人们上下楼和发生紧急事故时疏散人流之用。

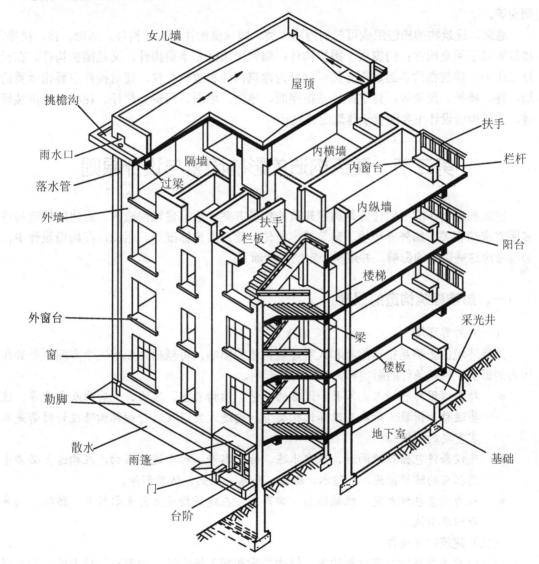

图 1-1　民用建筑的构造组成

屋顶位于房屋的顶部，不仅能承受雨、雪等荷载，而且能抵御风、雨、雪、太阳辐射等自然因素的侵袭。所以，它既是承重构件，也是围护构件。

门主要用来交通，窗主要用来采光和通风。门窗位于外墙时，是围护结构的一部分；

位于内墙时，起分隔房间之用。

建筑物除了以上主要构配件以外，还有一些附属部分，如阳台、雨篷、台阶、通风道、烟囱等。

总之，建筑物的构造组成可归纳为两大类，即承重构件和围护构件。基础、柱、楼梯、楼板等属于承重构件；门窗属于围护构件；墙和屋顶既是承重构件，又是围护构件。在设计工作中，建筑物的各组成部分又可划分为建筑构件和建筑配件。建筑构件主要指承重的墙、柱、楼板、屋架等，建筑配件是指屋面、地面、墙面、门窗、栏杆、花格、细部装修等。建筑构造设计主要侧重于建筑配件设计。

第二节　建筑构造的影响因素与设计原则

建筑构造设计的主要任务是确定建筑的构造方案、绘制建筑构造图，而建筑构造与许多因素密切相关，如外界环境、建筑技术条件、建筑质量标准等。因此，在构造设计中，必须考虑这些因素的影响，并遵循一定的设计原则。

一、影响建筑构造的因素

（一）外界环境

外界环境的影响是指自然界和人对建筑构造的影响，可概括为如下三个方面：外界作用力的影响、气候条件的影响和人为因素的影响。

- 外界作用力包括人、家具和设备的重量、结构自重、风力、地震力及雪重等。这些通称为荷载。荷载在选择结构类型和构造方案以及进行细部构造设计时都是非常重要的依据。
- 气候条件包括日晒雨淋、风雪冰冻、地下水等。对于这些影响，在构造上必须考虑相应的防护措施，如防水、防潮、防寒、隔热、防变形等。
- 人为因素包括火灾、机械振动、噪声等。在建筑构造上需采取防火、防振、隔声等相应措施。

（二）建筑技术条件

建筑技术条件是指建筑材料技术、结构技术和施工技术等。随着这些技术的不断发展和变化，建筑构造技术也在相应地发生着变化。例如，砖混结构构造不可能与木结构构造相同。同样，钢筋混凝土结构构造也不能和其他结构构造一样。所以，建筑构造做法不能脱离一定的建筑技术条件而存在。

（三）建筑标准

建筑标准所包含的内容较多，与建筑构造关系密切的主要有建筑造价标准、建筑装修标准和建筑设备标准。标准高的建筑，其装修质量好，设备齐全且档次高，自然建筑的造价也较高；反之，则较低。建筑构造的选材、选型和细部做法应根据建筑标准的高低来确定。大量民用建筑属于一般标准的建筑，构造方法往往也是常规的做法，而大型公共建筑，标准则要求高些，构造做法也更复杂一些。

二、建筑构造的设计原则

"适用、经济、在可能的条件下注意美观"，是中国建筑设计的总方针，在构造设计中必须遵守。在建筑构造设计中，设计者要全面考虑影响建筑构造的各个因素。对交织在一起的错综复杂的矛盾，要分清主次，权衡利弊而求得妥善处理。通常设计应遵循"坚固适用、技术先进、经济合理、生态环保与美观大方"的原则。

（一）坚固适用

在构造方案上，首先应考虑房屋的整体刚度，保证安全可靠，经久耐用。即在满足功能要求、考虑材料供应和结构类型以及施工技术条件的情况下，合理地确定构造方案，在构造上保证房屋构件之间连接可靠，使房屋整体刚度强、结构安全稳定。

（二）技术先进

在建筑构造设计中，应该从材料、结构、施工三个方面引入先进技术，但同时必须注意因地制宜，不能脱离实际。即在进行构造设计时，结合当地当时的实际条件，积极推广先进的结构和施工技术，选择各种高效能的建筑材料。

（三）经济合理

在建筑构造设计时，处处都应考虑经济合理。即在材料选用和构造处理上，要因地制宜，就地取材，注意节约钢材、水泥、木材这三大材料，并在保证质量的前提下尽可能降低造价。

（四）生态环保

建筑构造设计是初步设计的继续和深入，必须通过技术手段来控制污染、保护环境，从而设计出既坚固适用、技术先进，又经济合理；既美观大方，又有利于环境保护的新型建筑。

（五）美观大方

建筑构造设计不仅要创造出坚固适用的室内外空间环境，还要考虑人们对建筑物美观方面的要求，即在处理建筑的细部构造时，要做到坚固适用、美观大方，丰富建筑的艺术效果，让建筑给人以良好的精神享受。

本 章 小 结

本章主要介绍建筑物的构造组成以及影响建筑构造的因素和设计原则。建筑物的构造组成可归纳为两大类，即承重构件和围护构件。基础、柱、楼梯、楼板等属于承重构件；门窗属于围护构件；墙和屋顶既是承重构件，又是围护构件。在设计工作中，建筑物的各组成部分又可划分为建筑构件和建筑配件。建筑构件主要指承重的墙、柱、楼板、屋架等，建筑配件是指屋面、地面、墙面、门窗、栏杆、花格、细部装修等。建筑构造设计主要侧重于建筑配件设计。

影响建筑构造的因素包括外界环境、建筑技术条件、建筑质量标准等。建筑构造设计是初步设计的继续和深入，应遵循"坚固适用、技术先进、经济合理、生态环保与美观大方"的原则。

思考与讨论

1. 简述建筑物的构造组成。
2. 影响建筑物构造组成的因素有哪些？
3. 在建筑构造设计中应遵循哪些原则？

第二章 基础与地下室

学习目标

1. 了解基础的构造类型,了解刚性基础和柔性基础的构造要求。
2. 了解地下室防潮和防水的构造做法。

导言

基础与地下室均属隐蔽工程,其质量好坏直接影响到整个房屋的安全与寿命。因此,在设计上必须给予足够的重视。本章主要介绍基础的构造类型与地下室的防潮和防水处理。

第一节 基 础

基础与地基是两个不同的概念,但又具有不可分割的关系。基础的类型很多,分类方式有多种,可按形式分类,也可按材料和传力情况分类。

一、基础与地基

(一)基础

基础是建筑物的承重构件,位于建筑物的最底部,承受建筑物上部结构传来的荷载,并把这些荷载传给地基。

1. 基础的埋置深度

基础的埋置深度是指由室外地坪标高至基础底面标高的垂直距离,如图 2-1 所示。基础埋置深度的确定,应考虑建筑物本身(如使用要求、结构形式、荷载大小和性质等)和周围条件(如工程地质条件、相邻建筑物基础埋深、季节性冻土影响等)。在满足设计要求的情况下,基础尽量浅埋,但不宜小于 0.5m,岩石地基可不受此限制。

2. 浅基础与深基础

在天然地基上,一般把埋置深度在 5m 以内的基础称为浅基础,把埋置深度大于 5m 的基础称为深基础。

（二）地基

地基不是建筑物的构件，而是基础下面的土层，它承受着由基础传来的建筑物的荷载。

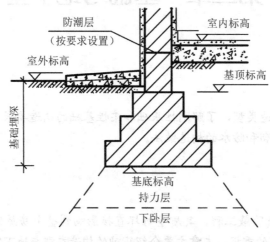

图 2-1　基础与地基的关系

1．持力层

持力层是指直接承受建筑物基础荷载的土层，持力层以下的土层称为下卧层。

2．天然地基与人工地基

天然地基是指不需经过人工加固处理就具有足够的承载能力，可在其上直接建造房屋的天然土层。人工地基是指采用压实、换土、挤密等方法进行过加固处理的地基。

二、基础的构造类型

（一）按基础形式分类

基础按其形式的不同可分为条形基础、独立式基础、联合基础和桩基础四大类型。

1．条形基础

它的平面形式为连续的条形，如图 2-2（a）所示。通常在地基条件好、上部结构荷载较小、基础埋置深度较浅的墙承式建筑中采用。

2．独立式基础

独立式基础是独立的块状基础，它有台阶形、锥形、杯形、折壳和圆锥壳等形式，如图 2-2（b）、（c）、（d）、(e)、（f）所示。这种基础一般被用于柱下，在地基承载力较弱或基础埋置深度较大的墙承式建筑中也可采用，但需在独立式基础上设置梁或拱等连续构件，以支承上部的墙体。

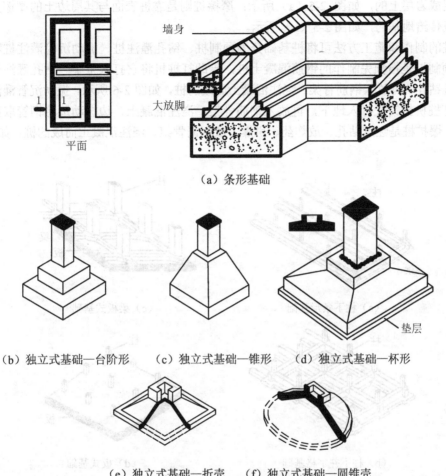

图 2-2 条形基础与独立式基础

3．联合基础

联合基础的类型较多，常见的有柱下条形基础、柱下井字格基础、梁板式基础、板式基础和箱形基础等，如图 2-3（a）、(b)、(c)、(d)、(e) 所示。其中箱形基础可在基础埋置深度较大、上部荷载特大的建筑中采用，且箱形基础的中空部分可作为地下室使用。

4．桩基础

桩基础属于深基础，当天然地基上的浅基础沉降量过大或地基稳定性不能满足建筑物的要求时，常采用桩基础。桩基础由桩柱、承台板或承台梁组成，如图 2-4 所示。桩的类型可按传力方式和施工方法进行分类。

按传力方式可将桩分为端承桩和摩擦桩两种。端承桩是靠桩的下端将建筑物荷载传至坚硬土层或岩层上的，如图 2-5（a）所示；摩擦桩则是靠桩表面与其周边土的摩擦力将建筑物荷载传给地基的，如图 2-5（b）所示。

按桩的制作和施工方法可将桩基础分为预制桩、钻孔灌注桩、振动沉管灌注桩和爆扩桩等。预制桩是指预先制作的钢筋混凝土桩，借助打桩机将它打入土中。钻孔灌注桩是先用钻孔机钻孔，再放入钢筋骨架、浇注混凝土而成的桩，如图 2-6 所示。振动沉管灌注桩是先利用打桩机把钢管打入地下，再放入钢筋骨架、浇注混凝土，边振动边将钢管取出而形成的桩。爆扩桩是经过钻孔、放炸药、引爆、放钢筋骨架、浇注混凝土而成的桩，如图 2-7 所示。

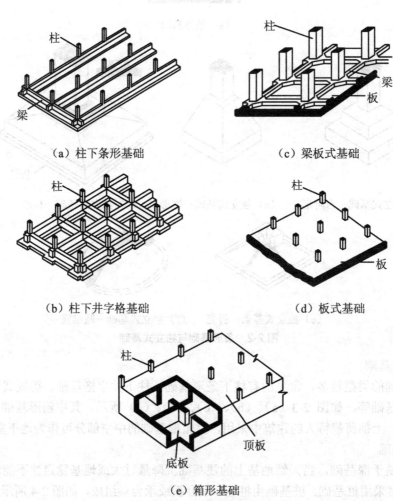

图 2-3 联合基础

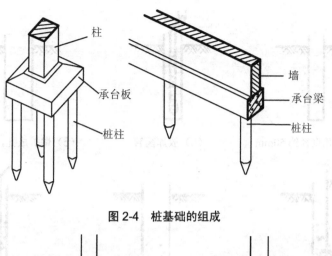

图 2-4　桩基础的组成

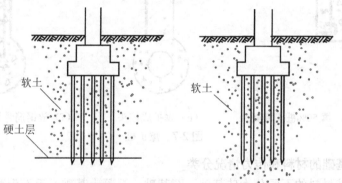

（a）端承桩　　　　　　（b）摩擦桩

图 2-5　端承桩与摩擦桩

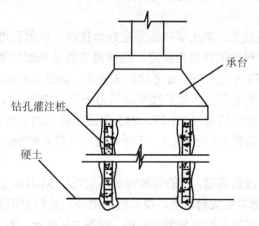

图 2-6　钻孔灌注桩

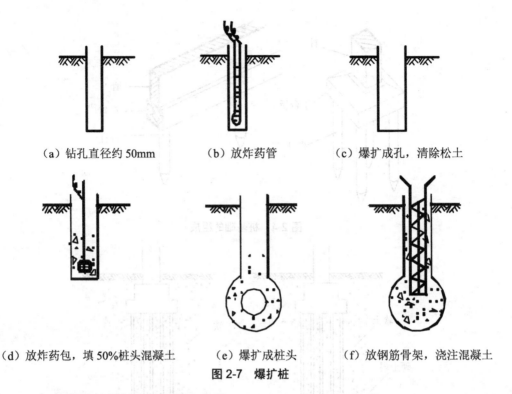

图 2-7 爆扩桩

（二）按基础的材料和传力情况分类

基础可按其材料的不同分为砖基础、石基础、混凝土基础、毛石混凝土基础、钢筋混凝土基础等类别。

按基础的传力情况又可将其分为刚性基础和柔性基础两种类型。

1. 刚性基础

当采用砖、石、混凝土、灰土等抗压强度好而抗拉、抗剪强度较低的材料作基础时，基础底面宽度应根据材料的刚性角来决定。刚性角指的是基础放宽的引线与墙体垂直线之间的夹角，或用基础放阶的宽度与高度之比值来表示，如图 2-8 所示。不同材料和不同基底压力的基础应选用不同的宽高比，如基底平均压力小于 100kPa 时，用不低于 M5 砂浆砌筑的毛石基础台阶宽高比允许值为 1∶1.25，C15 混凝土基础的台阶高宽比为 1∶1.00。这些受刚性角限制的基础即被称为刚性基础。下面介绍几种常见的刚性基础。

（1）砖基础

砖基础是用砖砌筑成的基础，砖的强度等级不应低于 MU10，砌筑的砂浆强度等级不应低于 M5。基础墙的下部需做成台阶状，使基础与地基的接触面积变大，以便均匀传递上部荷载。通常称基础墙以下放大的部分为大放脚，如图 2-9 所示。为了节省砖基础的材料，可将砖基础下部做成灰土垫层，形成灰土砖基础，亦称灰土基础，如图 2-10 所示。

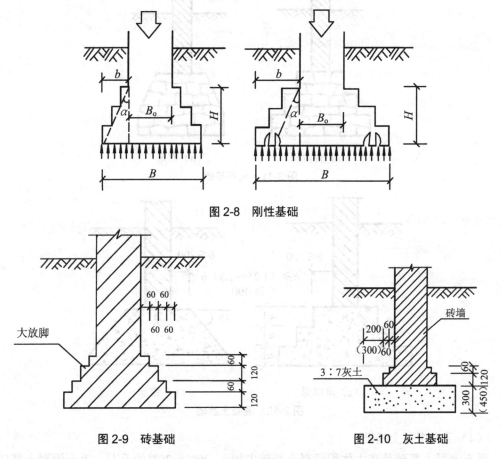

图 2-8 刚性基础

图 2-9 砖基础

图 2-10 灰土基础

（2）毛石基础

毛石基础是指用开采下来未经雕琢成形的石块砌筑成的基础，砌筑的砂浆强度等级不应低于 M5。毛石基础的厚度和台阶高度均不宜小于 400mm，每个台阶伸出宽度不宜大于 200mm，如图 2-11 所示。为便于砌筑上部砖墙，需在毛石基础的顶面浇铺一层 60mm 厚 C15 混凝土找平层。

（3）混凝土基础

混凝土基础就是指用混凝土材料制作的基础。优点是强度高、整体性好、防水性能好，常在有水或潮湿的地基中使用。

混凝土基础的断面有阶梯形和锥形两种形式。混凝土的强度等级为 C15，基础的厚度一般为 300mm～500mm，其构造如图 2-12 所示。

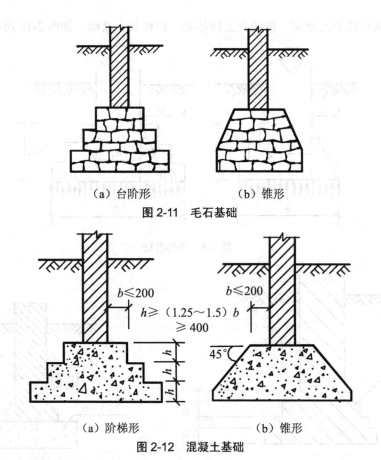

图 2-11　毛石基础

图 2-12　混凝土基础

（4）毛石混凝土基础

毛石混凝土基础是在大体积混凝土基础中加入 20%～30%的毛石。毛石混凝土基础也可做成台阶形，但每阶宽度不应小于 400mm，毛石的尺寸不宜大于 300mm，其构造如图 2-13 所示。

2．柔性基础

在混凝土基础中放上钢筋，形成钢筋混凝土基础，使混凝土和钢筋共同发挥作用，既可承受压应力，又可承受拉应力，这样基础就不受材料的刚性角限制，故称这种不受刚性角限制的基础为柔性基础，如图 2-14 所示。

钢筋混凝土基础由底板和基础墙（柱）组成。基础底板有锥形和阶梯形两种形式。其构造要求墙下条形基础底板边缘厚度不宜小于 150mm；柱下锥形基础底部边缘厚度不宜小于 200mm；阶梯形基础的每阶高度宜为 300mm～500mm。基础混凝土的强度等级不应低于 C20，垫层混凝土强度等级一般为 C10～C15；受力钢筋的最小直径不宜小于 10mm，间距为 100mm～200mm。受力钢筋的保护层厚度，有垫层时不小于 40mm，无垫层时不小于 70mm，如图 2-15 所示。

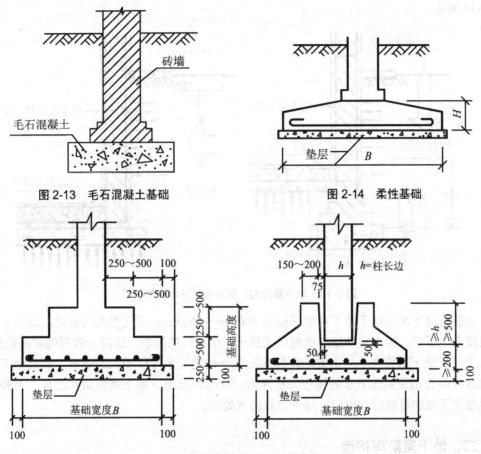

图 2-13 毛石混凝土基础　　图 2-14 柔性基础

图 2-15 钢筋混凝土基础

第二节 地 下 室

地下室是指建筑物中室内地面标高低于室外地坪标高的房间。按其使用性质可分为普通地下室和人防地下室；按埋入地下深度又可分为全地下室和半地下室。

一、地下室的防潮与防水

由于地下室经常受到下渗地表水、土壤中的潮气和地下水的侵蚀，因此防潮、防水便成了地下室设计中需要解决的重要问题。

地下室的防潮、防水的做法主要取决于地下室地坪与地下水位的相对位置关系，如图 2-16 所示。

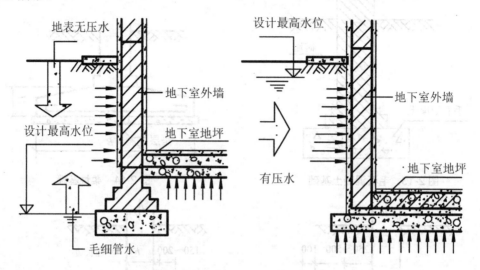

图 2-16　地下室防潮、防水与地下水位的关系

当最高地下水位低于地下室地坪标高 300mm～500mm，且无滞水可能时，地下水不会直接浸入地下室。地下室外墙和底板只受到土层中潮气的影响，这时一般只做防潮处理。

当最高地下水位高于地下室地坪标高时，不仅地下水可以浸入地下室，而且地下室外墙和底板还分别受到地下水的侧压力和浮力。这时，对地下室必须做防水处理。另外，当有地面水下渗的可能时，也应对地下室做防水处理。

二、地下室防潮构造

若忽视地下室的防潮、防水工作或处理不当，则会导致内墙面生霉，抹灰脱落，甚至危及地下室的使用和建筑物的耐久性。因此，必须妥善处理地下室的防潮和防水构造。

如果地下室的外墙为砌体结构，必须设置防潮层。即在外墙外侧先抹 20mm 厚 1∶2.5 水泥砂浆（高出散水 300mm 以上），然后涂冷底子油一道和热沥青两道（至散水底），再回填隔水层（常用 2∶8 灰土，其宽度不少于 500mm）。

地下室顶板和底板的适当位置应设置水平防潮层，使整个地下室防潮层连成整体，以达到防潮目的。地下室防潮构造做法，如图 2-17 所示。

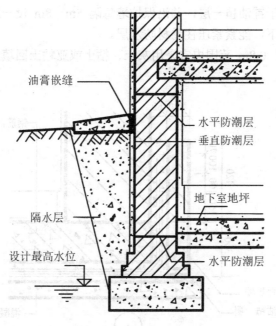

图 2-17 地下室防潮构造

三、地下室防水构造

常见的地下室防水有卷材防水、防水混凝土防水、涂料防水三种措施。

（一）卷材防水

防水卷材有改性沥青卷材和高分子卷材（三元乙丙橡胶卷材、再生胶丁苯胶卷材、SBS卷材、APP卷材等）。卷材防水属柔性防水，适用于结构有微量变形的工程。

根据卷材与墙体的关系，地下室卷材防水构造可分为外防水和内防水两种形式。

1. 外防水

外防水是将卷材铺贴在地下室外墙身外表面（即迎水面）的做法，又称为外包防水，如图 2-18 所示。具体做法如下：

（1）在外墙身外侧抹 20mm 厚 1：3 水泥砂浆找平层，其上刷冷底子油一道。

（2）铺贴卷材防水层，并与从地下室地坪底板下留出的卷材防水层逐层搭接。防水卷材的品种规格和层数，应根据地下工程防水等级、地下水位高低及水压力作用状况、结构构造形式和施工工艺等因素确定。

（3）防水层应高出最高水位 300mm，其上用一层油毡贴至散水底。

（4）防水层外面砌半砖保护墙一道，并在保护墙与防水层之间用水泥砂浆填实。砌筑保护墙时,先在底部干铺油毡一层,并沿保护墙每隔 5m~8m 设一通高断缝,以便使保护墙在土的侧压力作用下,能紧紧压住卷材防水层。

(5)在保护墙外 0.8m 范围内宜采用灰土、粘土或亚粘土回填,回填施工应均匀对称进行,并应分层夯实。

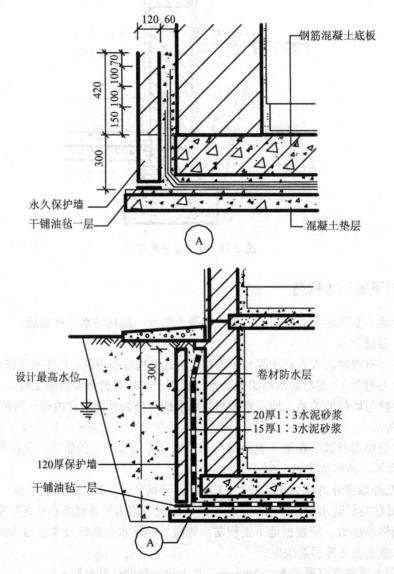

图 2-18 地下室卷材外防水

2. 内防水

内防水是将防水卷材铺贴在地下室外墙内表面（即背水面）的防水做法，又称为内包防水，如图 2-19 所示。这种防水方案对防水不太有利，但施工简便，易于维修，多用于修缮工程。

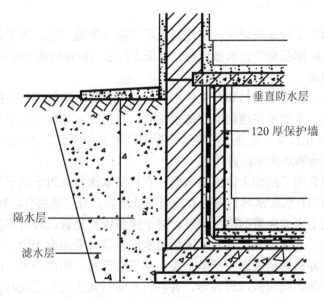

图 2-19 地下室卷材内防水

地下室水平防水层的做法如下：

（1）在垫层上作水泥砂浆找平层，其上涂冷底子油一道。

（2）在找平层上铺贴底面防水层。

（3）基坑应回填隔水层（粘土或灰土）和滤水层（砂），并分层夯实。

（二）防水混凝土防水

混凝土防水结构是靠其材料本身的憎水性和密实性来达到防水目的的，它属刚性防水。混凝土防水结构既是承重、围护结构，又有可靠的防水性能。这样就简化了施工，加快了工程进度，改善了劳动条件。防水混凝土分为普通防水混凝土和外加剂防水混凝土两类。

1. 普通防水混凝土

普通防水混凝土是用调整配合比的方法，在普通混凝土的基础上提高其自身密实度和抗渗能力的一种混凝土。混凝土抗渗性能的好坏不仅在于材料的级配，更取决于混凝土的密实度。要提高混凝土的密实度，就必须控制水灰比、水泥用量和砂率。选定配合比时，水灰比不宜大于 0.55，水泥用量不宜小于 320kg/m³，砂率宜为 35%～45%，坍落度不大于 50mm，泵送混凝土入泵坍落度宜控制在 100mm～140mm。

2. 外加剂防水混凝土

外加剂防水混凝土是通过在混凝土中掺用减水剂来提高混凝土抗渗效果的一种混凝土。其添加剂有加气剂、减水剂、三乙醇胺和三氯化铁防水剂、明矾石膨胀剂和 U 型混凝土膨胀剂等。混凝土中加入外加剂后能增强混凝土防水性能，抗渗标号可提高三倍甚至三倍以上。

防水混凝土的施工为现场浇注，浇注时应尽可能少留施工缝。对于施工缝应进行防水处理，通常采用 BW 膨胀橡胶止水条填缝。混凝土面层应附加防水砂浆抹面。

（三）涂料防水

涂料防水包括无机防水涂料和有机防水涂料。无机防水涂料可选用掺外加剂、掺合料的水泥基防水涂料、水泥基渗透结晶型防水涂料。有机防水涂料可选用反应型（聚氨酯涂膜）、水乳（普通乳化沥青、水性石棉厚质沥青、阴离子合成胶乳化沥青、阳离子氯丁胶乳化沥青等）型、聚合物水泥等涂料。

无机防水涂料宜用于结构主体的背水面，有机防水涂料宜用于地下工程主体结构的迎水面，用于背水面的有机防水涂料应具有较高的抗渗性，且与基层有较好的粘结性。

涂料防水有利于形成完整的防水涂层，对于建筑内有穿管、转折和高差的特殊部位的防水处理极为有效。为保证施工质量，无机防水涂料基层表面应干净、平整、无浮浆和明显积水；有机防水涂料基层表面应基本干燥，不应有气孔、凹凸不平、蜂窝麻面等缺陷，涂料施工前，基层阴阳角应做成圆弧形。有机防水涂料施工完后应及时做保护层，保护层应符合下列规定：

1. 底板、顶板应采用 20mm 厚 1∶2.5 水泥砂浆层和 40mm～50mm 厚的细石混凝土保护层，防水层与保护层之间宜设置隔离层；
2. 侧墙背水面保护层应采用 20mm 厚 1∶2.5 水泥砂浆；
3. 侧墙迎水面保护层宜选用软质保护材料或 20mm 厚 1∶2.5 水泥砂浆。

地下室防水作为隐蔽工程，必须先验收，后回填，并加强施工现场的管理，以保证防水层的质量，避免后期补救工作给使用带来的不便。

本 章 小 结

本章主要介绍基础的构造类型、地下室防潮和防水的构造做法。

基础是建筑物的承重构件，承受建筑物上部结构传来的荷载，并把这些荷载传给地基。在天然地基上，一般把埋置深度在 5m 以内的基础称为浅基础，把埋置深度大于 5m 的基础称为深基础。基础按其形式的不同可分为条形基础、独立式基础、联合基础和桩基础四大类型。基础按其材料的不同分为砖基础、石基础、混凝土基础、毛石混凝土基础、钢筋混凝土基础等类别。按基础的传力情况又可将其分为刚性基础和柔性基础两种类型。

  地下室按其使用性质可分为普通地下室和人防地下室；按埋入地下深度又可分为全地下室和半地下室。由于地下室经常受到下渗地表水、土壤中的潮气和地下水的侵蚀，因此对地下室需做防潮、防水处理。常见的地下室防水有卷材防水、防水混凝土防水、涂料防水三种措施。根据卷材与墙体的关系，地下室卷材防水构造可分为外防水和内防水两种形式。

思考与讨论

1. 基础按其形式、材料、传力情况不同可分为哪几种类型？
2. 地下室常采用哪些防水措施？
3. 试绘图说明基础与地基的关系。
4. 试绘制地下室防潮与防水构造图。

第三章 墙 体

学习目标

1. 了解墙体的种类及设计要求。
2. 了解隔墙、填充墙的建筑构造，熟悉砖墙的建筑构造。
3. 了解内、外墙面的各种装修做法。

导言

墙体是房屋建筑的主要承重结构，同时，墙体也是房屋建筑的主要围护结构。不同的墙体在房屋建筑中所处的位置不同，功能与作用也不同，因此它们各有不同的设计要求。本章重点介绍砖墙，同时还将介绍砌块墙、隔墙、框架填充墙的构造以及房屋建筑中常用的装修类型。

第一节 墙体的类型及设计要求

在一幢房屋中，墙因其位置、作用、材料和施工方法的不同具有不同的类型。在确定墙体材料和构造方案时，不同性质和位置的墙应满足其相应的要求。

一、墙体的类型

墙体按其所处的位置分为内墙和外墙；按其布置的方向分为纵墙和横墙；按其与门窗的位置关系又可分为窗间墙和窗下墙，如图 3-1 所示。其中外横墙被称为山墙。

墙体按其受力特点可分为承重墙与非承重墙。承重墙是直接承受外来荷载的墙体；非承重墙是不承受外来荷载而仅起分隔与围护作用的墙体。非承重墙又有承自重墙、隔墙和填充墙之分。承自重墙是只承受自身重量而不承受外来荷载的墙体；隔墙是仅起分隔作用，连自身的重量也不承受的墙体（自身的重量由其下的梁或板来承托）；填充墙是指框架结构中的围护与分隔墙。

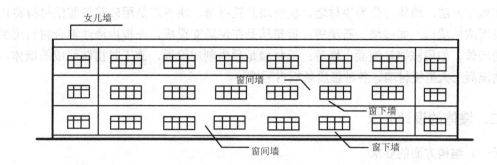

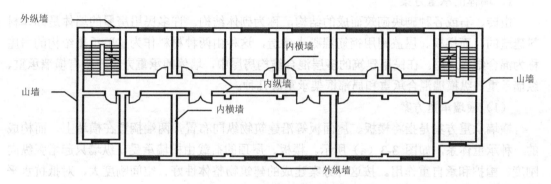

图 3-1 墙体不同位置的名称

按构造方式，墙体可以分为实体墙、空体墙和复合墙三种。实体墙是由单一材料组成的墙体，如砖墙、石墙、混凝土墙、钢筋混凝土墙等；空体墙是用单一材料砌筑成的内部呈空腔的墙体，或用具有孔洞的材料砌筑成的墙体，如空斗砖墙、空心砌块墙等；复合墙是由两种以上材料复合砌筑而成的墙体，如砖和加气混凝土复合墙等，如图 3-2 所示。

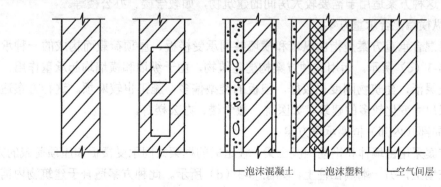

图 3-2 墙体构造形式

按施工方法，墙体可分为块材墙、板筑墙及板材墙。块材墙是用砂浆等胶结材料将块材组砌而成的墙体，如砖墙、石墙等；板筑墙是在现场支模板，在板内浇注混合材料捣制而成的墙体，如现浇钢筋混凝土墙等；板材墙是预先制成墙板，施工时拼装而成的墙体，如预制混凝土大型板材墙、各种轻质条板内隔墙等。

二、墙体的设计要求

（一）结构方面的要求

1. 墙体的承重方案

由砖、石或各种砌块砌筑而成的结构，称为砌体结构。许多民用房屋的墙体是砌体材料建造的，而楼板、屋盖则用钢筋混凝土建造，这种由两种材料作为主要承重结构的房屋称为混合结构房屋。在民用建筑的多层混合结构房屋中，墙体的承重方案一般有横墙承重、纵墙承重、纵横墙混合承重和局部框架承重等几种。

（1）横墙承重方案

横墙承重方案是指将楼板、屋面板等沿建筑物纵向布置，两端搁置在横墙上，而构成的一种承重体系，如图3-3（a）所示。楼板、屋顶的荷载由横墙承受，纵墙只起增强纵向刚度、围护和承自重作用。按这种方案建成的建筑物整体性好、空间刚度大，对抵抗水平荷载（如风荷载、地震荷载等）较为有利。

（2）纵墙承重方案

纵墙承重方案是指将楼板、屋面板沿建筑物横向布置，两端搁在纵向外墙和纵向内墙上，而构成的一种承重体系，如图3-3（b）所示。楼板、屋顶的荷载均由纵墙承受，横墙只起分隔房间和增强横向稳定的作用。按这种方案设计房屋，房间平面布置较为灵活，但刚度较差。这种方案适用于需要较大房间的建筑物，如教学楼、办公楼等。

（3）纵横墙混合承重方案

纵横墙混合承重方案是指由纵墙和横墙共同承受楼板、屋顶荷载而构成的一种承重体系，如图3-3（c）所示。运用这种方案构建建筑物，由于纵墙和横墙均起承重作用，因而平面布置较灵活，建筑物刚度也较好，但板的类型偏多，施工也较麻烦。这种方案适用于开间、进深尺寸变化较多的建筑，如医院、教学楼、办公楼等。

（4）局部（内部）框架承重方案

此种方案采用由墙体和钢筋混凝土梁、柱组成的框架共同承受楼板和屋顶荷载的方式，梁一端搁在墙上，另一端搁在柱上，如图3-3（d）所示。此种方案适合于建筑物内需设置较大空间的情况，如多层商住两用建筑等。

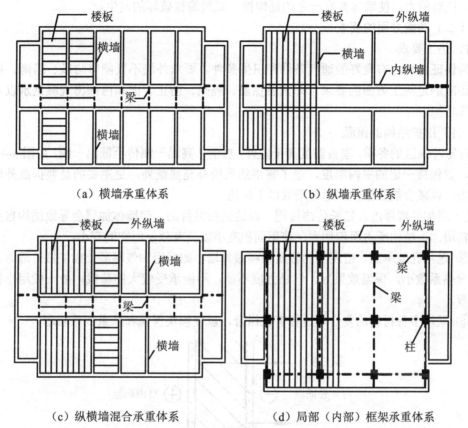

图 3-3 墙体承重方案

2. 强度、稳定性

在砖、石墙承重结构中，墙除承受自重外，还要能支承整个房屋的荷载，因而要求墙体具有足够的强度和稳定性。倘若墙体没有足够的稳定性和强度，就失去了其存在的意义。一般墙体的强度与所用材料和施工技术有关，而墙体的稳定性除了与墙的长度、厚度、高度等相关外，还与墙体受力支承情况有关。为了确保结构的安全，在墙体设计时，必须遵守有关砌体结构设计规范，并根据荷载的大小和所用材料的性能确定墙身厚度。

墙、柱高厚比是指墙、柱的计算高度与厚度的比值。高厚比越大则构件越细长，构件越细长则其稳定性越差。所以，高厚比必须控制在允许值以内。为满足高厚比要求，通常在墙体开洞口部位设置门垛，在长而高的墙体中设置壁柱。

在抗震设防地区，为了增大建筑物的整体刚度和稳定性，在多层砖混结构房屋的墙体中，还需设置贯通的钢筋混凝土圈梁和构造柱，使之相互连接，形成空间骨架，加强墙体抗弯、抗剪能力，使墙体具有一定的延伸性，减缓脆性破坏的发生。

（二）功能方面的要求

1. 热工要求

为保证房间内有良好的通气条件和卫生条件，要求外墙不仅能够防风、阻雨、挡雪，而且还应满足热工方面的要求，即具备保温、隔热、防止表面和内部出现凝结水以及空气渗透等功能。

（1）围护结构的保温

在寒冷地区的冬季，室内温度高于室外，热量从高温一侧传至低温一侧，如图3-4所示。此时，要保持一定的室内温度，除了靠供热系统补充热量外，更主要的是要提高外墙的保温能力，以减少热量损失。通常采取以下措施：

① 增加外墙厚度，延长传热过程，以达到保温目的。但墙体加厚会导致结构自重和墙体材料增加，结构所占面积加大，使用面积变小以及有效使用空间变小。

② 选用孔隙率高、密度小的轻质材料做外墙，如采用加气混凝土砌块做外墙等。这些材料导热系数小，保温效果好。但是强度不高，不能承受较大的荷载，故一般用作框架填充墙等。

③ 采用多种材料的复合墙进行有机组合，以便解决保温和承重双重问题。

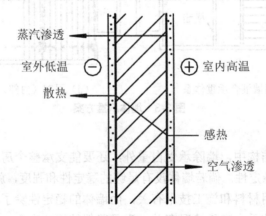

图3-4 寒冷地区冬季外墙的传热过程

（2）围护结构的隔热

炎热地区夏季太阳辐射强烈，室外热量通过外墙传入室内，使室内温度升高，影响人们的工作和生活，甚至危害人们的身体健康。因此，要求外墙要有足够的隔热能力。具体来说，可在外墙构造上加设隔热材料及在外墙的外表面采用日辐射吸收系数小的材料，提高围护结构的隔热性能，降低其表面温度，减少传入室内的热量。此外，还可选用热阻大的材料作外墙，或选用光滑、平整、浅色的材料作外墙面面层，以增强对阳光的反射能力。

(3) 围护结构的表面和内部凝结

冬季由于门窗紧闭，室内温度高，加上人们的呼吸、洗衣、烧饭等活动，会使空气中的水蒸气增加。而空气中的水分含量是随温度的变化而变化的，温度越高，空气中水蒸气含量就越大。所以，冬季室内水蒸气含量比室外高，湿度也比室外大。这样，在外围护结构的两侧就存在着水蒸气的压力差。水蒸气分子将从压力大的一侧通过围护结构向压力小的一侧扩散、渗透。当温度达到露点温度，即室内空气或围护结构内水蒸气达到饱和状态时，便在围护结构的表面或内部凝结成水，甚至在负温时结成冰，这就是围护结构的表面和内部凝结。

若墙体材料遇水，导热系数就会增大，保温能力随之明显降低。另外，墙体内部冷凝水的冻融交替作用，会使墙体的质量和耐久性下降。因此，要防止外墙中出现凝结水。要做到这一点，通常是在墙体构造层的布置上，将导热系数小的材料放在温度低的一面，将导热系数大的材料放在温度高的一面，墙的外表面材料最好是能透气的，以扩散墙体中少量的水蒸气。此外，在靠室内高温一侧应设置隔蒸汽层，如图 3-5 所示。隔蒸汽层的材料可用塑料薄膜、铝箔、卷材、防水涂料等。良好的隔蒸汽层必须是连续且防漏的，为此，对因墙体中各种开洞而导致的蒸汽渗透必须予以重视。同时，对通过门窗框的蒸汽渗透也不能忽视。

另外，在外墙中常有钢筋混凝土柱、梁、垫块等嵌入构件。在寒冷地区，由于钢筋混凝土的导热系数比砖砌体的导热系数大，热量很容易从这些部位传出去。此外，钢筋混凝土的内表面温度也比砖砌体的低，最容易产生冷凝水，通常把这些保温性能较低的部位叫做围护结构中的"冷桥"，如图 3-6 所示。为了防止热量过多的损失和冷凝水的产生，在构造处理中应尽量避免出现贯通式的冷桥，对这些部位应采取局部保温措施，如图 3-7 所示。

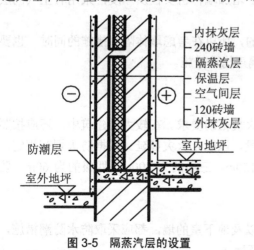

图 3-5 隔蒸汽层的设置

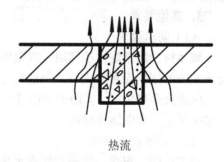

图 3-6 冷桥

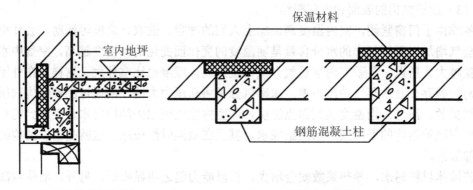

(a) 梁的局部保温　　　　　(b) 柱的局部保温

图 3-7　冷桥局部保温处理

(4) 围护结构的空气渗透

所谓围护结构的空气渗透，就是指围护结构两边的空气由高压处通过围护结构流向低压处的一种现象。空气渗透可能由室内外温度差（热压）引起，也可能由风压引起。空气渗透会加剧房间的热损失，对墙体保温不利。因此，凡有保温要求的建筑对空气渗透现象必须予以足够重视。要避免空气渗透，墙体砌筑须密实，外墙内外最好都要抹灰，门窗周围与墙连接的缝隙要塞嵌密实。

2．隔声要求

为了使人们在室内有安静的工作和生活环境，不同用途的建筑物有不同的室内最大允许噪声级，如住宅夜间最大允许噪声级为 40dB，这就要求墙体有一定的隔声能力。一般可采取如下措施控制噪声：加强墙体的密缝处理；增加墙体密实性及厚度；采用有空气间层或多孔性材料的夹层墙；利用垂直绿化。

室外噪声主要是通过外围护结构传入室内的，所以在考虑墙体隔声措施的同时，也要考虑门、窗、屋顶的隔声能力，并采取相应的隔声构造措施。

3．其他要求

(1) 防火要求

墙体材料的燃烧性能和耐火极限要符合防火规范的要求。在较大的建筑中，还应按照防火规范的规定设置防火墙，把建筑分成若干段，以阻止火灾蔓延。根据防火规范规定，一二级耐火等级建筑，其防火墙的最大间距为 150m，三级的为 100m，四级的为 60m，防火墙必须采用非燃烧体材料。

(2) 防水防潮要求

对卫生间、厨房、实验室等有水房间的墙以及地下室的墙，都应采取防水防潮措施，以保证墙体的坚固耐久，创造良好的室内卫生环境。

（3）建筑工业化要求

在进行墙体设计时，要不断地采用新的墙体材料和构造方法，以减轻自重，降低造价。并尽可能采用预制装配化构件和机械化的施工方法，以适应建筑工业化的要求。

此外，对有特殊要求的建筑如实验室、同位素室、X 光照相室等要采取防腐蚀、防射线等措施。

第二节 砖墙构造

砖墙可分为实体墙、空体墙和复合墙三种。实体墙是由普通粘土砖或其他实心砖砌筑而成。空体墙是由实心砖砌成的中空的墙体（如空斗砖墙），或是由空心砖砌筑而成的墙体。复合墙是指由砖与其他材料组合砌筑而成的墙体。

一、砖墙材料

砖墙材料包括砖和砂浆两种。

（一）砖的类型、规格与标号

砖的种类很多，从材料上看分为粘土砖、灰砂砖、页岩砖、煤矸石砖、水泥砖以及各种工业废料砖（如炉渣砖）；从形状上看分为实心砖和多孔砖。

烧结普通砖以粘土为原料，经成型、干燥、焙烧而成，按其颜色又分为青砖和红砖。烧结普通砖（即标准砖）的全国统一规格为 240mm×115mm×53mm，每块砖的重量约为 2.5kg，适合手工砌筑。但此种规格与中国现行模数制不协调，给设计与施工等工作带来许多麻烦。

烧结多孔砖目前已被推广使用，常见的烧结多孔砖有 KP1 型 240mm×115mm×90mm 系列、KP2 型 240mm×180mm×115mm 系列和 DM 型（M 型）系列。KP1 型系列烧结多孔砖的规格和外观形式如表 3-1 和图 3-8 所示。DM 型系列的粘土多孔砖的规格与基本模数是协调的，因此它又被称为模式砖或模数型砖，其规格和外观形式如表 3-2 和图 3-9 所示。

砖的强度等级是根据标准试验方法所测得的砖的抗压强度（单位：N/mm^2）来划分的。烧结普通砖和烧结多孔砖的强度等级有 MU30、MU25、MU20、MU15、MU10 五级。

（二）砂浆的种类与标号

砂浆由胶结材料（如水泥、石灰、粘土）和细骨料（如砂、石屑、炉渣屑等）加水搅拌而成。常用的砌筑砂浆有水泥砂浆、石灰砂浆及混合砂浆。水泥砂浆的强度高、防潮性能好，主要用于受力较大和对防潮要求高的墙体中；石灰砂浆强度和防潮性虽均较差，但和易性好，常用于强度要求不高的墙体；混合砂浆有一定的强度，和易性较好，故常被采用。

砂浆的强度等级也是以抗压强度(单位:N/mm²)来划分的。其等级有 M15、M10、M7.5、M5、M2.5 五级。

表 3-1 KP1 型系列粘土多孔砖的规格及代号

种类	主要规格砖			配砖
	1	2	3	
代号	KP1-1	KP1-2	KP1-3	KP1-P
规格(mm)	240×115×90			180×115×90

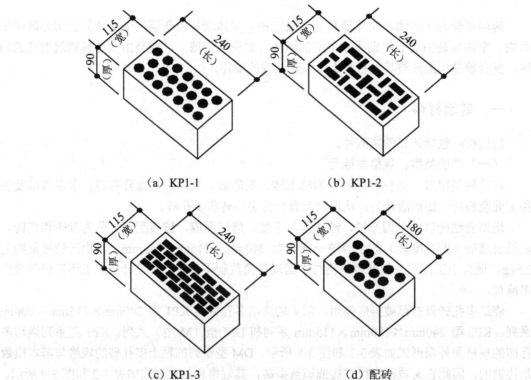

(a) KP1-1　　　　　　　　(b) KP1-2

(c) KP1-3　　　　　　　　(d) 配砖

图 3-8 KP1 型系列粘土多孔砖外观示意图

表 3-2 DM 型粘土多孔砖的代号及规格

种类	主要规格砖								配砖
	1		2		3		4		
	圆孔	方孔	圆孔	方孔	圆孔	方孔	圆孔	方孔	
代号	DM1-1	DM1-2	DM2-1	DM2-2	DM3-1	DM3-2	DM4-1	DM4-2	DMP
规格(mm)	190×240×90		190×190×90		190×140×90		190×90×90		190×90×40

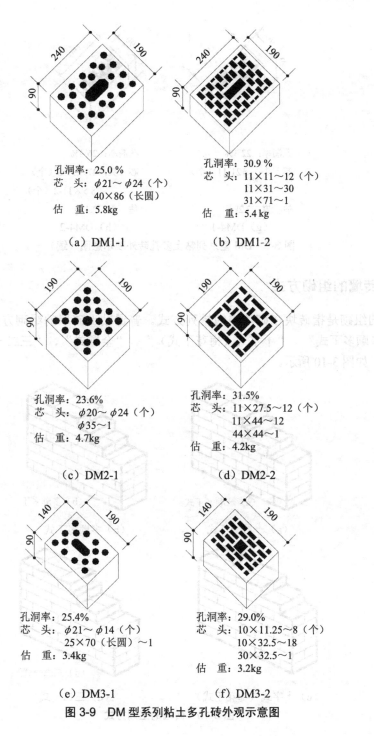

图 3-9 DM 型系列粘土多孔砖外观示意图

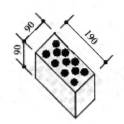
孔洞率:22.3%
芯 头:$\phi 21$-11(个)

估 重:2.2kg

(g) DM4-1

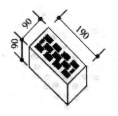
孔洞率:26.4%
芯 头:47×11-8(个)
　　　8.5×11-2(个)
估 重:2.1kg

(h) DM4-2

图 3-9　DM 型系列粘土多孔砖外观示意图(续)

二、砖墙的组砌方式

砖墙的组砌是指砖块在砌体中的排列方式。普通粘土砖墙的组砌方式有"一顺一丁式"、"多顺多丁式"、"十字式（梅花丁式）"、"全顺式"、"三二一式"、"180 墙砌法"等，如图 3-10 所示。

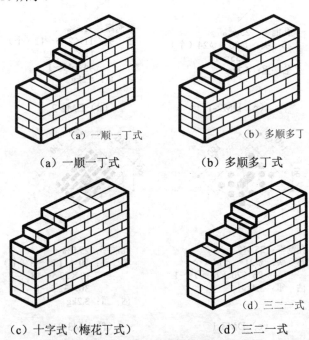

(a) 一顺一丁式

(b) 多顺多丁式

(c) 十字式（梅花丁式）

(d) 三二一式

图 3-10　砖墙的组砌方式

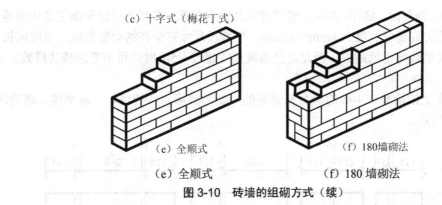

图 3-10 砖墙的组砌方式（续）

组砌的法则是"错缝搭接"，即上下皮砖的垂直缝交错，使砖墙具有良好的整体性，如图 3-11 所示。若墙体表面或内部的垂直缝在一条线上（即形成通缝），那么它的强度和稳定性便会显著降低。错缝的基本方法是将丁砖（指砖的长度方向垂直于墙面）和顺砖（指砖的长度方向平行于墙面）交替砌筑。当墙面为不抹灰的清水墙时，组砌还要考虑墙面的图案美观。

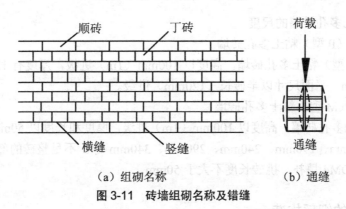

图 3-11 砖墙组砌名称及错缝

三、砖墙的尺度

（一）普通粘土砖墙的尺度

1. 墙段尺寸

墙段尺寸是指窗间墙、转角墙等部位墙体的长度。墙段尺寸应符合砖的模数，普通粘土砖的模数是半砖（115mm）加一灰缝（10mm），即 125mm。此模数数列（240、370、490、620、740、870、990、1 120、1 240…）可避免在砌筑时大量砍砖，但它与模数统一标准不协调。民用建筑的开间、进深、门窗洞口尺寸都是扩大模数 300mm 的倍数，而墙段要以砖模125mm为基础。这样,在同一建筑中采用两种模数,必然给设计和施工造成困难。但由于施工规范允许竖缝宽度为8mm～12mm,使墙段尺寸有少许的调整余地。墙段越长,灰缝越多,可调整余地也就越大。因此,当墙段尺寸超过1.5m时,可不考虑砖的模数。

2．墙厚

砖墙的厚度是按标准砖半砖的倍数来说明的,如半砖墙、一砖墙、一砖半墙、两砖墙等,如图3-12所示。

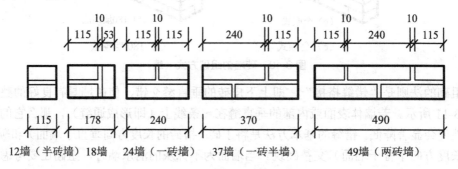

图3-12　墙厚与砖规格的关系

(二)粘土多孔砖墙的尺度

1．KP1型（P型）粘土多孔砖墙

KP1型（P型）粘土多孔砖墙,高度以100mm（1m）进级,厚度有120mm、240mm、360mm、490mm。平面尺寸以半砖长（120mm）进级。

2．DM型（M型）粘土多孔砖墙

DM型粘土多孔砖墙,高度以100mm（1m）进级,厚度和长度以50mm（1/2m）进级,即90mm、140mm、190mm、240mm、290mm、340mm等。不足整砖的部位用DMP型或锯切口DM3、DM4填补,挑砖长度不大于50mm。

四、砖墙的细部构造

细部构造是指墙身各部位的细部做法,包括墙身防潮、散水、勒脚、踢脚、窗台、过梁、窗套、腰线、变形缝及墙身加固措施等。

(一)墙身防潮层

在墙身中设置防潮层的目的是为了防止土壤中的水分渗入墙身内部,保持室内良好的卫生环境,提高建筑物的耐久性。

1．墙身防潮层的位置

(1)当室内地面垫层为密实性材料时,在垫层范围内,低于首层室内地坪60mm、高于室外地坪150mm处,设置一道水平防潮层,如图3-13（a）所示。

（2）当室内地面垫层为透水性材料时，水平防潮层应设置在与室内地面齐平或低于室内地面 60mm 处，如图 3-13（b）所示。

（3）当内墙两侧地面有高度差时，应在墙身内两地坪附近各设一道水平防潮层，在靠土壤一侧的墙面设置垂直防潮层，如图 3-13（c）所示。

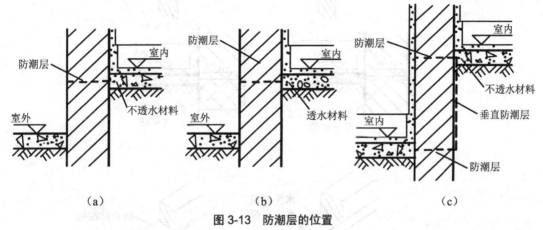

图 3-13 防潮层的位置

2. 墙身防潮层的做法

（1）防水砂浆防潮层：采用 1∶2 水泥砂浆加 3%～5% 防水剂，厚度为 20mm～25mm，或用防水砂浆砌 3～5 皮砖做成，如图 3-14（a）所示。这种方法简单，但砂浆开裂或不饱满时会影响防潮效果。

（2）混凝土防潮层：采用 60mm 厚的细石混凝土带，内放 3ϕ6 的钢筋，如图 3-14（b）所示。这种方法防潮性能好。

（3）油毡防潮层：在防潮层部位先用 20mm 厚水泥砂浆作找平层，再在其上铺一毡二油，如图 3-14（c）所示。此种方法防潮效果好，但整体性差，在地震区或刚度要求高的建筑上不宜采用。

（二）外墙周边的散水与明沟

为了迅速地排除建筑物四周的雨水和雪水，通常在建筑物外墙周边设置散水。在降水量大的地区（年降水量大于 900mm），通常还在建筑物外墙周围或散水外缘设置明沟。

1. 散水

（1）散水宽度。根据土壤性质、气候条件、建筑物高度和屋面排水方式确定散水宽度。一般为 600mm～1 000mm，比屋顶挑檐宽 200mm。在湿陷性黄土地区，散水宽度应不小于 1 000mm，且应超过基础底宽 200mm。

（2）散水坡度。散水应向外设 5% 左右的排水坡度。

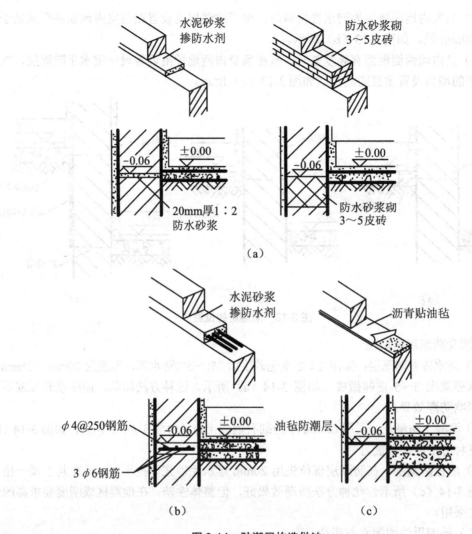

图 3-14 防潮层构造做法

（3）散水做法。通常有混凝土散水、块石散水、砖铺散水、三合土散水等做法，如图 3-15 所示。其中，混凝土散水应沿长度方向每隔 20m～30m 设伸缩缝，在散水与外墙之间还应设沉降缝，并用弹性防水材料嵌缝。在严寒地区，在散水下应增设一层 300mm 厚的砂（或炉渣）垫层；在湿陷性黄土地区，在散水下应增设一层 150mm 厚的夯实灰土垫层或 300mm 厚夯实土垫层，且宽出散水 500mm 以上。

2. 明沟

（1）明沟宽度。一般为 200mm 左右。

(2) 明沟坡度。明沟沟底应设 0.5% 左右的纵向坡度，坡向下水口方向。

(3) 明沟做法。根据材料的不同，明沟的做法有混凝土明沟、块石明沟、砖铺明沟等，如图 3-16 所示。明沟的断面形式有矩形、梯形、半圆形。

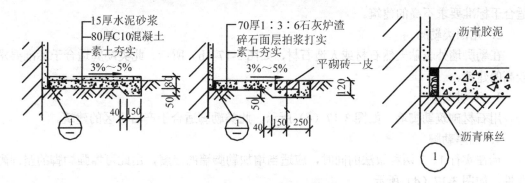

图 3-15 散水构造做法

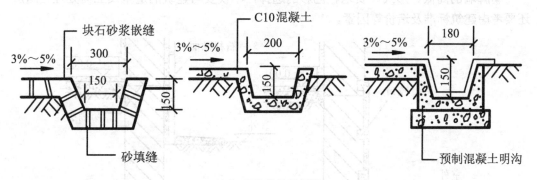

（a）明沟的几种做法

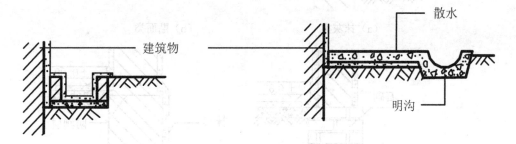

（b）明沟与建筑物的位置关系

图 3-16 明沟构造做法

（三）勒脚

勒脚就是靠室外地坪的墙身。为了防止土壤中的水、飞溅的雨水、地面的积雪及外界机械对勒脚的损害，除设置墙身防潮层外，还应加强勒脚的耐久性。通常有以下几种做法：

1. 抹灰类勒脚

在勒脚墙外表抹 1∶2.5 水泥砂浆或作水刷石、斩假石，如图 3-17（a）所示。此类勒脚适合于标准要求不高的建筑。

2. 贴面类勒脚

在勒脚墙外表贴天然石材或人造石材，如图 3-17（b）所示。此类勒脚适合于标准要求较高的建筑。

3. 石材勒脚

用石材砌筑勒脚墙，如图 3-17（c）所示。此类勒脚适合于产石山区的建筑。

4. 加厚勒脚

墙在实行 1、2 两种做法的同时，应适当增加勒脚墙的厚度，由此可增强勒脚的坚固耐久性，如图 3-17（d）所示。

勒脚墙的高低、形式、质地、色彩的选择，不仅要与建筑的造型及立面处理相适应，还要考虑建筑标准及造价等因素。

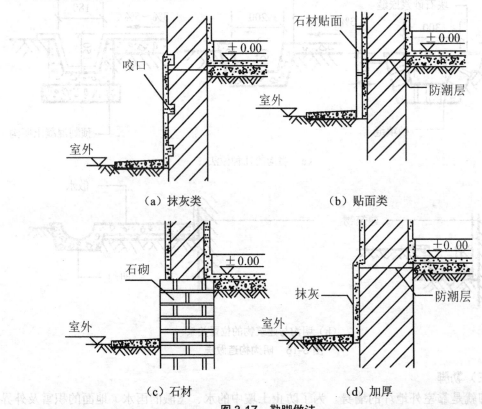

图 3-17 勒脚做法

（四）踢脚与墙裙

靠室内地面的墙面易受污染以及室内设备或人的磕碰，需要作特殊处理，踢脚构造就是其中的一种构造方法。踢脚的高度一般为120mm～150mm。踢脚的做法有：水泥砂浆踢脚、水磨石踢脚、木材踢脚、缸砖踢脚等。墙裙是踢脚向上的延伸部分，其高度一般为900mm～1 500mm，也可大于 1 500mm，甚至延伸至整个内墙面。墙裙的构造做法与踢脚相同，如图 3-18 所示。

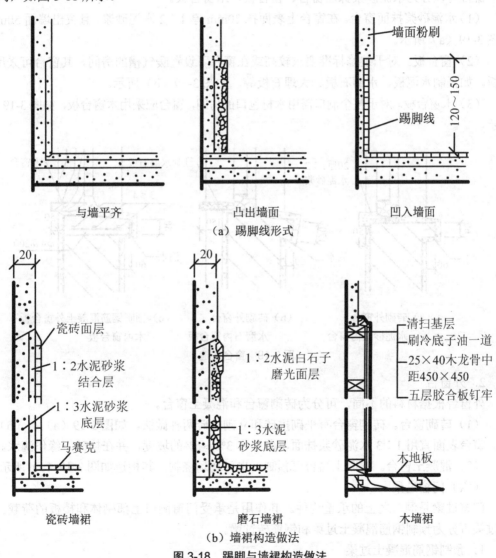

图 3-18 踢脚与墙裙构造做法

(五)窗台

为了排出窗面流下的雨水和凝结水,防止窗洞口底部积水以及由此带来的对墙面的污染,应在窗洞口的下部设置窗台。靠室内一侧的窗台为内窗台,靠室外一侧的窗台为外窗台。

1. 内窗台

窗台可以分为水泥砂浆抹面窗台、窗台板、木窗台板。

(1)水泥砂浆抹面窗台。在窗台上表面抹 20mm 厚 1∶2 水泥砂浆,且突出墙面 50mm,如图 3-19(a)所示。

(2)窗台板。对于装修标准要求较高或在窗台下设置暖气槽的房间,其窗台可采用窗台板,如预制水泥板、水磨石板、大理石板等,如图 3-19(b)所示。

(3)木窗台板。对于整个洞口需用木材包口的房间,窗台应采用木窗台板,如图 3-19(c)所示。

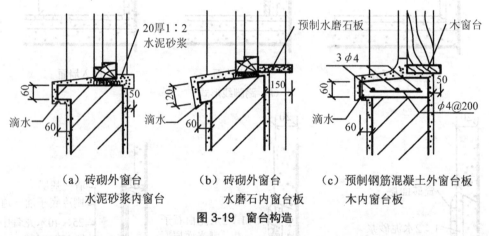

图 3-19 窗台构造

2. 外窗台

外窗台根据材料的不同,可分为砖砌窗台和混凝土窗台。

(1)砖砌窗台。砖砌窗台有平砌挑砖和立砌挑砖两种做法,如图 3-19(a)、(b)所示。窗台表面宜用 1∶3 水泥砂浆抹面,向外作 3%~5%的坡度,并在挑砖下缘作滴水。

(2)混凝土窗台。混凝土窗台可预制,也可现场浇制,其构造如图 3-19(c)所示。

(六)门窗过梁

门窗过梁是洞口之上的承重构件。其作用是承受门窗洞口上部砌体和楼板的荷载。门窗过梁可分为预制钢筋混凝土过梁和钢筋砖过梁。

1. 预制钢筋混凝土过梁

预制钢筋混凝土过梁是目前被广泛采用的一种过梁形式。断面尺寸与配筋应由结构确定。过梁的断面宽度一般同墙厚，断面高度应考虑砖的规格，一般采用 60mm、120mm、180mm、240mm 等。过梁在洞口两侧墙上的支撑长度不应小于 240mm。常用的断面形式有矩形和 L 形，如图 3-20（a）、（d）所示。为了简化构造、节约材料，常将过梁与圈梁、雨篷、窗楣板或遮阳板结合起来设计，如图 3-20（b）、（c）所示。寒冷地区过梁的做法如图 3-20（d）所示。

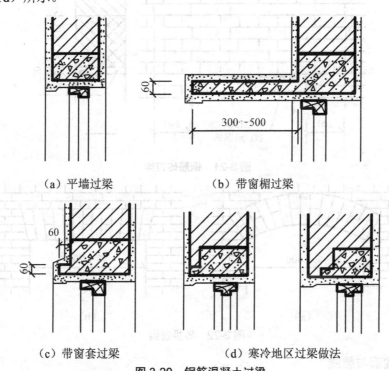

图 3-20 钢筋混凝土过梁

2．钢筋砖过梁

钢筋砖过梁是在洞口顶部配置钢筋，形成能承受弯矩的加筋砖砌体。这种过梁采用的砖标号不应低于 MU10，砂浆标号不应低于 M5，高度不应小于 240mm，宽度不应小于洞口宽度的 1/4，钢筋直径不应小于 5mm，间距不应大于 120mm，伸入两端墙内的长度不宜小于 240mm，砂浆层的厚度不宜小于 30mm，如图 3-21 所示。这种过梁与墙外观统一，但施工麻烦，故仅用于 1.5m 宽以内的洞口。

3．砖拱过梁

砖拱过梁有平拱和弧拱两种形式，如图 3-22（a）、（b）所示。平拱过梁是将砖立、侧相间砌筑，灰缝上宽下窄，相互挤压形成拱形。砖拱所用砖的标号应不低于 MU10，砂浆标号不应低于 M5，平拱高度不应小于 240mm，灰缝上部宽度不应大于 20mm，下部不应小于 5mm，砌筑时起拱高度应为 1/50 洞口宽度，砖拱端部压入墙内不应小于 20mm，端部斜面的水平投影长度应为 30mm～50mm。砖拱过梁省水泥，不用钢筋，但施工麻烦，宜在洞口宽度不大于 1.8m 的清水墙中采用。

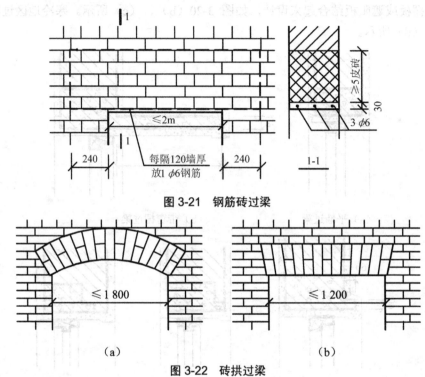

图 3-21　钢筋砖过梁

图 3-22　砖拱过梁

（七）窗套与腰线

窗套是洞口四周突出墙面的装饰线条。其面层可用水泥砂浆抹灰外刷涂料，也可贴墙面瓷砖，如图 3-23（a）所示。腰线是过梁或窗台出挑而连成的水平装饰线条。面层做法同窗套，如图 3-23（b）所示。

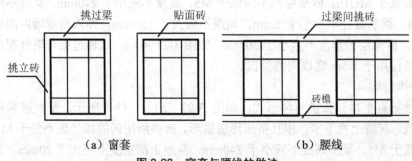

图 3-23　窗套与腰线的做法

(八) 墙体变形缝

墙体变形缝包括伸缩缝、沉降缝和防震缝。

1. 伸缩缝

伸缩缝是为防止建筑构件因温度变化而产生裂缝或受到破坏,在沿建筑物长度方向相隔一定距离预留的垂直缝隙,这种缝因温度变化而设,又叫温度缝。伸缩缝必须将基础以上的墙身、楼板层、屋顶等构件全部断开。基础由于埋在地下,受温度影响很小,故不必断开。

砌体房屋伸缩缝的最大间距应符合表3-3中的规定。对烧结普通砖、烧结多孔砖、配筋砌块砌体房屋取表3-3中数值;对石砌体、蒸压粉煤灰砖和混凝土砌块房屋取表3-3中数值乘以系数0.8。当有实践经验并采取有效措施时,可不遵守表3-3的规定。在钢筋混凝土屋面上挂瓦的屋盖应按钢筋混凝土屋盖对待。按表3-3设置的伸缩缝,一般不能同时防止由于钢筋混凝土屋盖的温度变形和砌体干缩变形引起的墙体局部裂缝。层高大于5m的烧结普通砖、烧结多孔砖、配筋砌块砌体结构单层房屋,其伸缩缝间距可按表中数值乘以1.3。温差较大且变化频繁地区和严寒地区不采暖的房屋及构筑物墙体的伸缩缝的最大间距,应按表3-3中数值予以适当减小。墙体的伸缩缝应与结构的其他变形缝相重合,在进行立面处理时,必须保证缝隙的伸缩作用。

表3-3 砌体房屋伸缩缝的最大间距

屋盖或楼盖类别		间距(m)
整体式或装配整体式钢筋混凝土结构	有保温或隔热层的屋盖、楼盖	50
	无保温或隔热层的屋盖	40
装配式无檩体系钢筋混凝土结构	有保温或隔热层的屋盖、楼盖	60
	无保温或隔热层的屋盖	50
装配式有檩体系钢筋混凝土结构	有保温或隔热层的屋盖、楼盖	75
	无保温或隔热层的屋盖	60
瓦材屋盖、木屋盖或楼盖、轻钢屋盖		100

伸缩缝的宽度一般为20mm~30mm,外墙伸缩缝内应填入弹性防水材料,并用金属调节片盖缝,如图3-24(a)所示。内墙盖缝片要结合室内装修考虑,如图3-24(b)所示。

2. 沉降缝

为了防止建筑物不均匀沉降而导致房屋遭到破坏,在房屋的适当位置应预留垂直缝隙,将房屋分隔成几个独立的结构单元,此预留缝即为沉降缝。沉降缝必须按房屋全高(包括基础)设置。沉降缝的两侧应有各自的基础和墙。沉降缝的宽度应根据地基土质和房屋荷载情况而定，一般 2～3 层房屋可取 50mm～80mm，4～5 层可取 80mm～120mm，5 层以上不应小于 120mm。对于地基较软的房屋，缝宽应适当加大。沉降缝应在如下部位设置：

(1) 建筑平面的转折部位；
(2) 高度差异或荷载差异处；
(3) 长高比过大的砌体承重结构；
(4) 地基土的压缩性有显著差异处；
(5) 建筑结构或基础类型不同处；
(6) 分期建造房屋的交界处。

沉降缝的构造做法如图 3-24 所示。

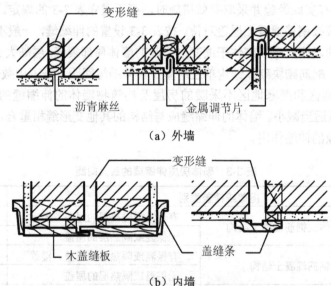

图 3-24 伸缩缝与沉降缝的做法

3. 防震缝

抗震设防地区，当多层砌体房屋有下列情况之一时宜设置防震缝，将房屋划分成几个规则体型和刚度相近的结构单元：

(1) 房屋立面高差在 6m 以上；
(2) 房屋有错层，且楼板高差较大；
(3) 各部分结构刚度、质量截然不同。

防震缝应按房屋全高设置，缝的两侧应有各自的墙体。一般情况下，基础可以不设防震缝。防震缝的宽度应根据设防烈度和房屋高度确定，一般为 50mm～100mm。防震缝的构造做法如图 3-25 所示。抗震设防地区，伸缩缝、沉降缝还必须同时满足防震缝的构造要求。

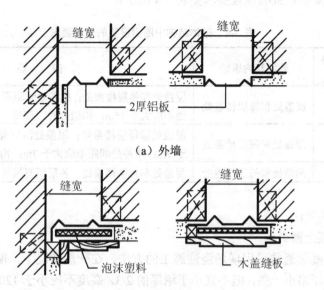

图 3-25 防震缝的做法

（九）墙身加固措施

墙身加固措施主要包括圈梁和构造柱。

1. 圈梁

在砌体结构中，为了增强房屋的整体刚度，防止地基的不均匀沉降，提高房屋的抗震能力，应在房屋的外墙和部分内墙中水平设置连续而封闭的梁。这种梁在同一水平高度上交圈，故称之为圈梁。常用的圈梁有钢筋混凝土圈梁和钢筋砖圈梁。

（1）圈梁的设置要求

圈梁应连续地设在同一水平面上，当圈梁被门窗洞口截断时，应在洞口部位增设附加圈梁，如图 3-26 所示。

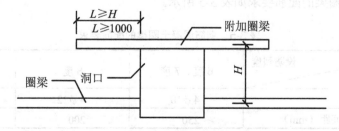

图 3-26 附加圈梁

砌体结构中圈梁设置的位置要求如表 3-4 所示。

表 3-4 砌体结构中圈梁设置的位置要求

设防烈度	墙类 外墙和内纵墙	内 墙
6 度、7 度	屋盖处和每层楼盖处	屋盖处和每层楼盖处；屋盖处间距不应大于 7m；楼盖处间距不应大于 15m；构造柱对应部位
8 度	屋盖处和每层楼盖处	屋盖处和每层楼盖处；屋盖处沿所有横墙，且间距不应大于 7m；楼盖处间距不应大于 7m；构造柱对应部位
9 度	屋盖处和每层楼盖处	屋盖处和每层楼盖处；各层所有横墙

（2）圈梁的做法

① 钢筋混凝土圈梁

钢筋混凝土圈梁通常采用现场浇注施工的方法。在一般情况下，圈梁的宽度同墙厚，寒冷地区可比墙厚略小一些，但不宜小于墙厚的 2/3，高度不应小于 120mm。为了充分发挥圈梁的作用，圈梁可与楼板平行设置，也可设置在楼板下，如图 3-27 所示。

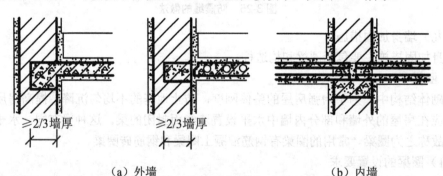

（a）外墙　　　　　　　　（b）内墙

图 3-27　钢筋混凝土圈梁

钢筋混凝土圈梁的配筋要求如表 3-5 所示。

表 3-5 钢筋混凝土圈梁的配筋要求

配　筋	设防烈度		
	6 度、7 度	8 度	9 度
最小纵筋	4ϕ10	4ϕ12	4ϕ14
最大箍筋间距（mm）	250	200	150

② 钢筋砖圈梁

用 M5 水泥砂浆砌筑,高度 4～6 皮砖,分上下两层设 4ϕ6 水平间距不大于 120mm 的钢筋砖砌体,如图 3-28 所示。

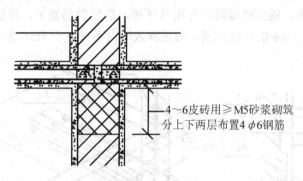

图 3-28 钢筋砖圈梁

2. 构造柱

在砌体结构中,为了增强房屋的整体刚度,提高房屋的抗震能力,按构造要求可增设竖向钢筋混凝土柱,与圈梁一起形成空间骨架。

(1) 构造柱的设置要求

砌体结构中构造柱的设置要求如表 3-6 所示。

表 3-6 砌体结构中构造柱的设置要求

房屋层数及设防烈度				设 置 部 位	
6度	7度	8度	9度		
4、5层	3、4层	2、3层		外墙四角;错层部位横墙与外纵墙交接处;大房间内外墙交接处;较大洞口两侧	7度、8度时,楼、电梯间的四角;隔 15m 或单元横墙与外纵墙交接处
6、7层	5层	4层	2层		隔开间横墙(轴线)与外墙交接处;山墙与内纵墙交接处;7～9度时,楼、电梯间的四角
8层	6、7层	5、6层	3、4层		内墙(轴线)与外墙交接处;内墙的局部较小墙垛处;7～9度时,楼、电梯间的四角;9度时内纵墙与横墙(轴线)交接处

（2）构造柱的做法

构造柱的最小截面尺寸为 240mm×180mm，竖向钢筋一般用 4φ12，箍筋间距不宜大于 250mm，在柱的上下端适当加密。随房屋层数和抗震烈度的增加，可增加房屋四角构造柱的截面尺寸和配筋。施工砌墙时，先留马牙槎，后放钢筋笼子，再浇注混凝土，并应沿墙高每隔 500mm 设 2φ6 的拉结钢筋，每边伸入墙内不宜小于 1m，如图 3-29 所示。

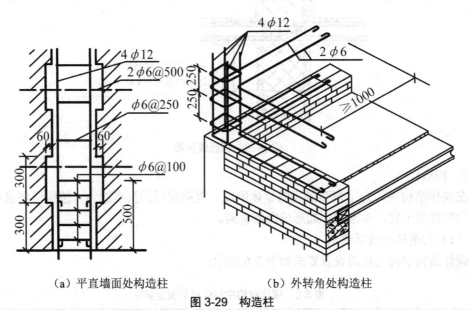

(a) 平直墙面处构造柱　　　　(b) 外转角处构造柱

图 3-29　构造柱

构造柱可不单独设基础，但应伸入地面以下 500mm，或与埋深小于 500mm 的基础圈梁相连。构造柱的竖向钢筋应穿过圈梁，以保证上下贯通。

（3）砌体拉结钢筋

在砌体结构中的隔墙多为后砌墙。为了加强砌体的整体性，应在先砌的墙体内预设 2φ6 拉结钢筋，且钢筋间距不宜大于 500mm，伸入隔墙内的长度不宜小于 1m。

（十）烟道与通风道

在居住用建筑的厨房和卫生间中，常设烟道和通风道，用以排除烟气。

烟道和通风道宜设在内墙的十字接头处或丁字接头处，通常有现场砌筑和预制拼装两种做法。烟道和通风道的断面尺寸应根据排气量来确定，但不应小于 120mm。烟道和通风道不能混用，以免串气。烟道的进气口应靠下，距楼板上面 1m 左右为宜；通风道的排气口应靠上，距楼板底面 300mm 左右，如图 3-30 所示。

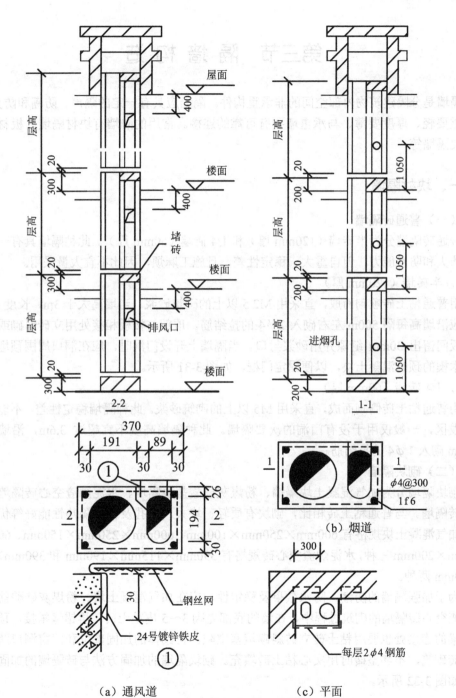

(a) 通风道　　(c) 平面

图 3-30　通风道与烟道

第三节 隔墙构造

隔墙是分隔建筑物内部空间的非承重构件。隔墙应具有一定的隔声、防潮和防火能力，且自重要轻、厚度要薄、与承重墙要有可靠的连接。常用的隔墙有块材隔墙、板材隔墙和轻骨架隔墙等。

一、块材隔墙

（一）普通砖隔墙

普通砖隔墙分为半砖墙（120mm 厚）和 1/4 砖墙（60mm 厚）。此种隔墙具有一定的隔声、防火和防水能力，但自重大、稳定性差，且施工麻烦，因此不宜大量采用。

1．半砖墙（120mm 厚）

用普通粘土砖顺砌而成，宜采用 M2.5 以上的砌筑砂浆。当墙高大于 3m、长度大于 5m 时，应沿墙高每隔 500m 左右砌入 $2\phi4$ 的拉结筋。顶部与楼板相接处用立砖斜砌或将顶部与楼板间留出 30mm 缝隙并用砂浆封口。当隔墙上开设门洞时，应在洞口周围预埋铁件或带有木楔的预制混凝土块，以便固定门框，如图 3-31 所示。

2．1/4 砖墙（60mm 厚）

用普通粘土砖侧砌而成，宜采用 M5 以上的砌筑砂浆。此种隔墙稳定性差，不能用于地震高发区，一般仅用于没有门洞的次要隔墙。此种隔墙高度不宜超过 3.6m，沿墙高每隔 500mm 砌入 $1\phi4$ 的拉结筋。

（二）砌块隔墙

砌块隔墙分为加气混凝土块隔墙、粉煤灰硅酸盐块隔墙、水泥炉渣空心砖隔墙和粘土多孔砖隔墙。与普通粘土砖相比，砌块有质轻、块大、多孔及保温隔热性能好等优点。常用的加气混凝土块规格有 600mm×250mm×100mm、600mm×250mm×150mm、600mm×250mm×200mm 三种，水泥炉渣空心砖规格有 390mm×115mm×190mm 和 390mm×90mm×190mm 两种。

为了加强隔墙的防潮、防水效果及稳定性，应在加气混凝土块、粉煤灰硅酸盐块及水泥炉渣空心砖隔墙的砌筑过程中，在墙的底部先砌 3~5 皮粘土砖，再错缝搭接。顶部与楼板或梁的连接处也要用粘土砖立砖斜砌填塞空隙。在砌体的加固部位和门窗洞口两侧，用粘土砖砌筑，不够整砖时用实心粘土砖填充。砌块隔墙的加固方法与砖隔墙的加固方法类似，如图 3-32 所示。

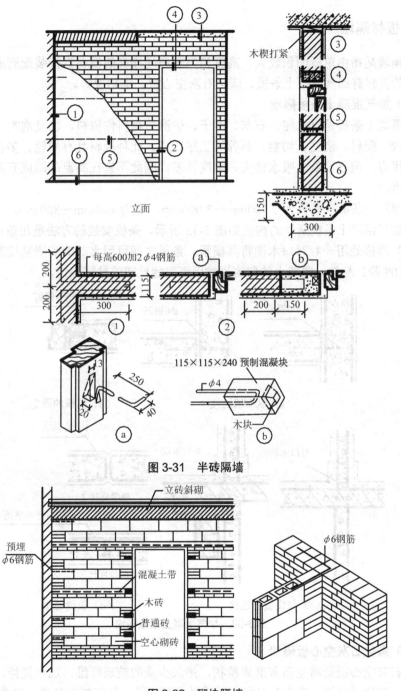

图 3-31 半砖隔墙

图 3-32 砌块隔墙

二、板材隔墙

板材隔墙是指由单板面积较大、高度相当于房间净高的板材直接装配而成的隔墙。目前，常见的板材有加气混凝土条板、碳化石灰空心板、泰柏板等。

（一）加气混凝土条板隔墙

加气混凝土条板是以水泥、石灰、沙子、炉渣等材料作原料，加发泡剂（铝粉）后，经原料磨细、配料、浇注、切割、蒸养等工序制成。此种板材具有质轻、多孔、易于加工和安装等优点，但强度低、吸水性大、耐腐性差，因此不宜在高温高湿或有腐蚀性介质的建筑中采用。

加气混凝土条板一般长为 2 700mm～3 000mm，宽为 600mm～800mm，厚为 80mm～100mm。加气混凝土条板隔墙的构造如图 3-33 所示。条板安装的方法是在条板板底与楼板（或地板）连接处用一对对口木楔将其楔紧，条板之间可用水玻璃矿渣粘接剂或聚乙烯醇缩甲醛（108 胶）粘接，隔墙上的门窗框常用膨胀螺栓或胶粘钉固定。

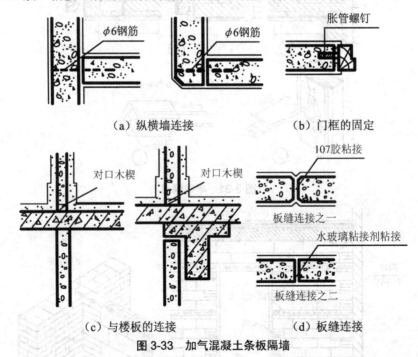

图 3-33 加气混凝土条板隔墙

（二）碳化石灰空心板隔墙

碳化石灰空心板是将生石灰磨成粉状，掺入少量的玻璃纤维，加水搅拌，振动成型，再经干燥、碳化而成的。碳化石灰空心板原料来源广泛，加工制作简单，自重轻，成本低，隔声效果好，适用于对隔声要求高的建筑。

碳化石灰空心板的长为 2 700mm～3 000mm，宽为 500mm～800mm，厚为 90mm～120mm。碳化石灰空心板的安装方法与加气混凝土条板隔墙的安装方法相同，如图3-34 所示。

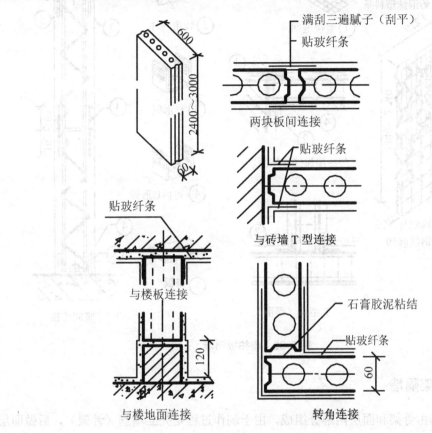

图 3-34　碳化石灰空心板

（三）泰柏板和 GY 板隔墙

泰柏板即钢丝网泡沫塑料水泥砂浆复合板，是以焊接钢丝网笼为骨架，用泡沫塑料作芯层，以水泥砂浆作面层的轻质板材，其规格为 2 440mm×1 220mm×75mm。泰柏板隔墙如图 3-35 所示。

GY 板即钢丝网岩棉水泥砂浆复合板，是以焊接钢丝网笼为骨架，用岩棉板作芯层，以水泥砂浆作面层的轻质板材。其产品规格为（2 400～3 300）mm×（900～1 200）mm×（55～60）mm。

泰柏板和 GY 板隔墙具有强度高、重量轻，防火、防腐、隔声效果好，安装、拆卸简便等优点。

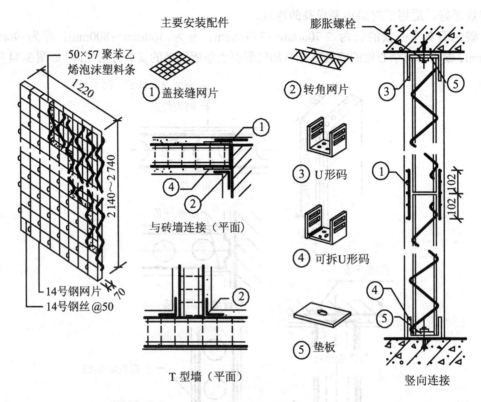

图 3-35 泰柏板隔墙

三、轻骨架隔墙

轻骨架隔墙由骨架和面层两部分组成。由于制作过程是先立墙筋（骨架），后做面层，故又称之为立筋式隔墙。

常用的骨架有木骨架、型钢骨架、铝合金骨架等。

木骨架由上槛、下槛、墙筋、斜撑及横档组成，上槛、下槛、墙筋、斜撑和横档的断面尺寸为（40～50）mm×（70～100）mm，斜撑和横档尺寸可略小些。墙筋间距为400mm～600mm，斜撑和横档的间距为1.5m左右，如图3-36所示。木骨架的做法是先立边框墙筋，撑住上、下槛，再竖中间墙筋，然后再加斜撑或横档。

型钢骨架是由各种形式的薄壁型钢组成的。常用的薄壁型钢有0.8mm～1mm的槽钢和工字钢。型钢骨架的安装过程是先用螺钉将上、下槛型钢固定在楼板上，再安装轻钢龙骨（墙筋）。龙骨间距为400mm～600mm，且要在龙骨上留下走线孔。轻钢龙骨石膏板隔墙如图3-37所示。

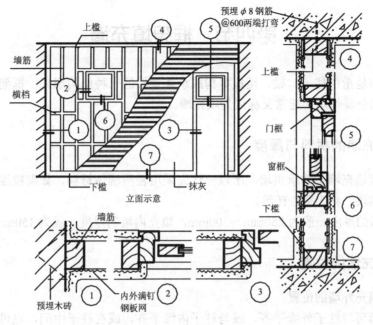

图 3-36 木骨架隔墙

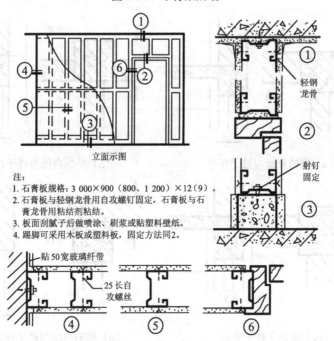

图 3-37 轻钢龙骨石膏板隔墙

第四节 框架填充墙

框架结构是指由柱子、梁、楼板等构成承重骨架的一种结构形式。框架结构中的墙体主要起围护和分隔作用,通常又称之为填充墙。

一、填充墙的材料与厚度

由于框架填充墙是非承重墙,所以应优先采用轻质墙体材料,如陶粒混凝土空心砖、加气混凝土砌块、粘土空心砖等。

填充外墙的厚度一般为250mm~300mm,填充内墙的厚度一般为150mm~200mm。

二、填充墙的位置

(一)填充外墙的位置

填充外墙可与柱子外缘平齐,或与柱子内缘平齐,或在柱子中间,也可外包柱子,如图3-38所示。

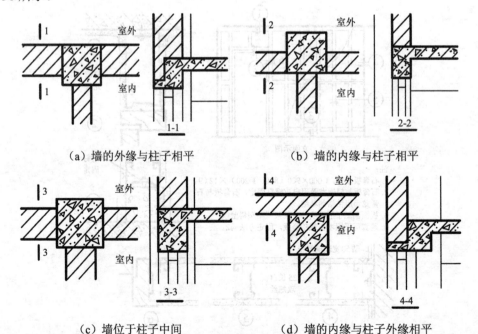

(a)墙的外缘与柱子相平　　(b)墙的内缘与柱子相平

(c)墙位于柱子中间　　(d)墙的内缘与柱子外缘相平

图3-38　填充外墙与柱子的关系

（二）填充内墙的位置

填充内墙可在柱子中间，也可与柱子一侧相平，如图 3-39 所示。

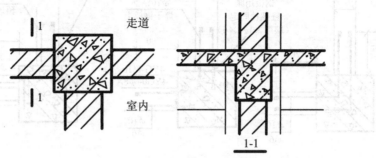

（a）墙位于柱子中间

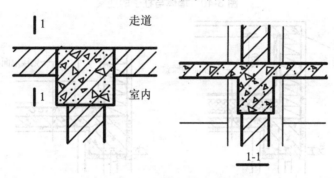

（b）墙与柱子一侧相平

图 3-39 填充内墙与柱子的关系

三、填充墙的节点构造

（一）填充墙的抗震要求

框架结构中的填充墙应与柱子或梁有可靠的拉接。当抗震设防为 6 度或 7 度时，应沿柱子全高每隔 500mm 设 2ϕ6 拉接钢筋，拉接钢筋伸入墙内的长度不应小于墙长的 1/5，且最短不小于 700mm；当抗震设防为 8 度或 9 度时，拉接钢筋宜沿墙全长贯通。当墙长大于 5m 时，墙顶与梁宜有拉接；当墙长超过层高 2 倍时，宜设钢筋混凝土构造柱；当墙高超过 4m 时，在墙体半高处，宜设沿墙全长贯通的钢筋混凝土水平系梁，且与柱子连接。墙体与柱子连接的做法如图 3-40 所示。

（二）剖面节点构造

框架结构填充外墙外缘与柱子外缘相平时的剖面节点构造，如图 3-41 所示。

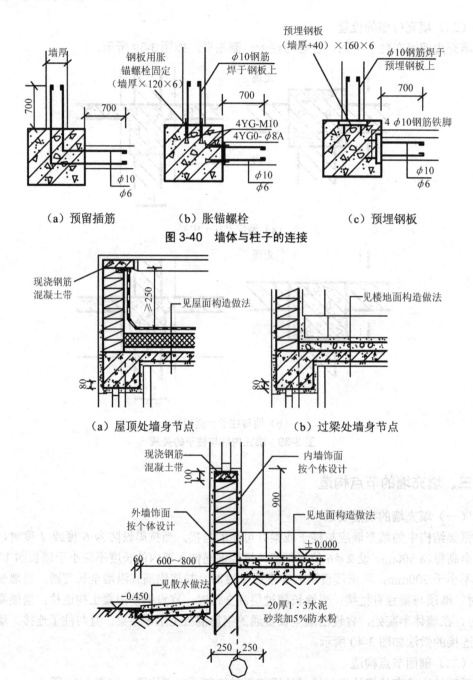

图 3-40　墙体与柱子的连接

图 3-41　框架填充墙体节点构造

第五节 墙面装修

为了满足建筑物使用功能的要求并营造一个良好的室内外环境，建筑主体的内外表面需要进行装修，以提高建筑的艺术效果，美化环境，保护墙体，改善墙体的热工性能和延长建筑物的使用寿命。墙面装修包括外墙面装修和内墙面装修两大类。根据装修材料和做法的不同，外墙面装修又可分为抹灰类、贴面类和涂料类三种方式，而内墙面装修除了以上三类外还有裱糊类。

一、抹灰类墙面装修

抹灰是在房屋结构表面涂抹装饰材料的一种装修方法。为了保证抹灰质量，使抹灰平整牢实、色彩均匀、面层不开裂脱落，抹灰必须分层操作。通常分三层，即底层、中层和面层。抹灰按照质量要求分三种标准，即普通抹灰、中级抹灰和高级抹灰。每种标准的工序要求如表3-7所示。

表3-7 抹灰的三种标准工序要求

构造层及厚度	标准 普通抹灰	中级抹灰	高级抹灰
底层	一层	一层	一层
中层	无	一层	数层
面层	一层	一层	一层
总厚度	不大于18mm	不大于20mm	不大于25mm

按照面层材料及做法的不同，抹灰分一般抹灰和装饰抹灰两类。常用的一般抹灰有石灰砂浆抹灰、混合砂浆抹灰、水泥纸筋砂浆抹灰、纸筋石灰浆抹灰和麻刀石灰浆抹灰，其构造层次及适用范围如表3-8所示。

表3-8 常用一般抹灰构造层次及适用范围

抹灰种类	材料做法	厚度（mm）	适用范围
水泥砂浆抹灰	底层：1:3水泥砂浆 中层：1:3水泥砂浆 面层：1:2.5（或1:2）水泥砂浆	5～8 8 10	主要用于外墙面、挑檐、窗台、窗套、腰线、遮阳板等部位

续表

抹灰种类	材料做法	厚度（mm）	适用范围
石灰砂浆抹灰	底层：1∶2.5 石灰砂浆 面层：喷石灰浆二道	15	主要用于临时建筑内墙面
混合砂浆抹灰	底层：107 胶溶液处理 中层：5%107 胶水泥刮腻子 面层：1∶1∶6 混合砂浆	8～10	主要用于加气混凝土内、外墙面的中间层
水泥纸筋砂浆抹灰	底层：1∶3∶4 水泥纸筋砂浆 中层：1∶2∶4 水泥纸筋砂浆 面层：纸筋灰浆	5 5 2.5	主要用于阳台、雨篷顶面
纸筋石灰浆抹灰	底层：1∶2 石灰砂浆 中层：1∶2.5 石灰砂浆 面层：纸筋灰	6 12 2	主要用于砖、石内墙面
麻刀石灰浆抹灰	底层：1∶3∶4 水泥纸筋砂浆 中层：1∶2∶4 水泥纸筋砂浆 面层：麻刀石灰	6 12 2	主要用于砖、石内墙面

常用的装饰抹灰有水刷石饰面、干粘石饰面、斩假石饰面、聚合水泥砂浆饰面、拉条抹灰饰面和扫毛抹灰饰面等。其构造层次及适用范围如表3-9所示。

表3-9 常用装饰抹灰构造层次及适用范围

种类	材料做法	厚度（mm）	适用范围	备注
水刷石	底层：1∶3 水泥砂浆 中层：1∶2 水泥砂浆 面层：1∶1.5 水泥石屑用水刷洗	7 5 10	主要用于外墙、阳台、雨篷、勒脚等部位	常用石屑为石英石屑、白云石屑、大理石屑等；可用白水泥加适量颜料形成彩色水刷石饰面
干粘石	底层：1∶3 水泥砂浆 中层：1∶3 水泥砂浆 面层：刮水泥浆，干粘石压平实	12 6 2	主要用于外墙装修	用铁板或喷枪将石屑甩到或射入粘结砂浆中，石屑压入粘结砂浆里面
斩假石	底层：1∶3 水泥砂浆 中层：1∶3 水泥砂浆 面层：1∶2 水泥石屑用斧斩或凿具凿	7 5 12	主要用于外墙局部（如门套、勒脚、台阶等）装修	装饰效果类似天然石材
聚合水泥砂浆	底层：1∶3 水泥砂浆 中层：聚合水泥砂浆喷涂或滚涂或弹涂 面层：甲基硅树脂或聚乙烯醇缩丁醛憎水剂	5 3～5 一道	主要用于外墙装修	聚合水泥浆是用水、石膏、砂、胶和适量颜料配置

续表

种类	材料做法	厚度（mm）	适用范围	备注
拉条抹灰	底层：1∶3 水泥砂浆	7	主要用于内墙装修	根据需要可在其上喷刷涂料
	中层：1∶3 水泥砂浆	5		
	面层：1∶2.5∶0.5 混合砂浆（水泥、砂、纸筋）用模具拉线条	12		
扫毛抹灰	底层：1∶3 水泥砂浆	7	主要用于内墙装修	根据需要可在其上喷刷涂料
	中层：1∶3 水泥砂浆	5		
	面层：1∶1∶6 混合砂浆（水泥、石灰、沙）用扫帚扫毛	12		
水磨石	底层：1∶2 水泥砂浆	15	主要用于内墙局部（如浴室墙裙、踢脚等）	可用白水泥加适量颜料或用普通水泥和彩色石子形成彩色水磨石饰面
	面层：1∶1.5 水泥石子磨光	10		

为了施工操作方便并满足立面处理的需要，抹灰前应按设计要求弹线分格，具体做法是用素水泥浆将浸过水的木条固定在分格线上，做成引条，如图 3-42 所示，待面层抹灰达到一定强度后，再将引条取出。

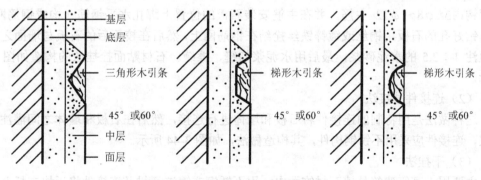

图 3-42 抹灰面引条的做法

二、贴面类墙面的装修

贴面类墙面装修是在墙面铺贴天然石板或人造石板，如大理石板、花岗石板、面砖、陶瓷锦砖和预制水磨石板等。

（一）天然石板饰面

1. 天然石板的种类

天然石板主要有花岗石板、大理石板及青石板。按其加工工艺和表面装饰的效果，又可分为剁斧和磨光两种形式。
- 花岗石板质地坚硬、强度高,孔隙率和吸水率小,并具有良好的抗冻性、耐磨性和抗风化性能,因而多用于重要建筑物的外墙面装修。
- 大理石板属于中硬度的石材。其质地密实,经磨光打蜡后表面光滑,色彩多样,并带有美丽的花纹,但表面硬度不太大,化学稳定性和大气稳定性也不够好。一般除少数几种质地较纯、杂质较少的汉白玉、艾叶青等用于室外装修外,大多数大理石板用于室内装修。
- 青石板是一般的天然板材,具有色彩纹理多样、加工简单、造价较低等优点,但材质软、易风化,一般不用作高级装修。

2. 天然石板的规格

目前,中国采用的天然石材(板)的长宽一般为300mm~600mm,厚度多为20mm。有的国家采用厚度为7mm~10mm的薄板,面积较大,成本较低,安装也比较方便。

3. 天然石板的安装

常见的天然石板安装方法有拴挂法、连接件挂接法、干挂法、聚酯砂浆固定法、树脂胶粘结法等几种。

(1)拴挂法

这种做法是先在砌墙时预埋铁环(或在墙上钻孔,插入带弯钩的钢筋),然后在铁环或弯钩内立 $\phi 8 \sim \phi 12$ 主筋,并在主筋安装石板的位置上绑扎水平钢筋(构成钢筋网),再将钻好孔的石板用铜丝或镀锌铁丝拴结在钢筋网上,然后在校正后的石板与墙面之间分层灌注1:2.5的水泥砂浆,最后用水泥浆勾缝、擦缝。石材贴面拴挂法的构造如图3-43所示。

(2)连接件挂接法

这种做法是用特制的连接件将石板和墙体进行连接,然后在石板和墙体之间灌注水泥砂浆,连接件应采用不锈钢构件,其构造做法,如图3-44所示。

(3)干挂法

主要用于高级建筑外墙石材饰面中。用不锈钢或镀锌型材及连接件将板块支托并锚固在墙面上,连接件用膨胀螺栓固定在墙面上,上下两层之间的间距等于板块的高度。板块上的凹槽应在板厚中心线上,且应和连接件的位置相吻合,如图3-45所示。

(4)聚酯砂浆固定法

这种做法是用1:4.5~1:5.0聚酯砂浆(掺入适量的固化剂)粘结石板与墙体。施工时先固定石板四角并填满石板之间的缝隙,待聚酯砂浆固化后,再进行灌缝操作。砂浆层厚度一般为20mm左右。灌浆时应分层操作,一次灌浆高度不应大于150mm,待下层砂浆初凝后再灌注上层砂浆。

（5）树脂胶粘结法

这种做法是用树脂胶粘结石板与墙体。施工时要求基层必须平整，涂胶必须饱满（胶粘剂厚2mm～3mm），将石板就位、挤紧、找平、找直后，应马上进行顶、卡固定，以防石板脱落伤人。

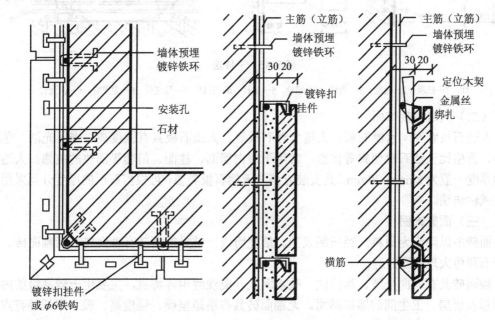

(a) 平视图　　　(b) 剖视图1　　　(c) 剖视图2
　　　　　　　（采用金属件扣挂）　（采用金属丝绑扎）

图 3-43　石材贴面拴挂法

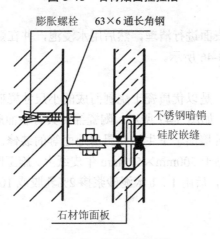

图 3-44　连接件挂接法

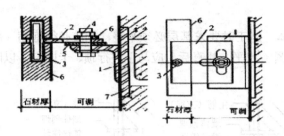
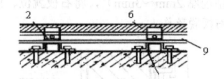

图 3-45 干挂法

注：1—托板　2—舌板　3—销钉　4—螺栓　5—垫片　6—石材　7—预埋件　8—主龙骨　9—次龙骨

（二）人造石板饰面

人造石板有预制水磨石板、人造大理石板等。人造石板具有强度高、表面光洁、色彩多样、价格比天然石板便宜等优点，常用于室内墙面、柱面、门套等部位的装修。人造石板的厚度一般为 8mm～20mm，其安装方法与天然石板类似，可根据石板的厚度分别采用拴挂法或粘结法。

（三）面砖饰面

面砖多以陶土为原料，经压制成型、焙烧而成。常见的面砖有釉面砖、无釉面砖、仿花岗石和仿大理石瓷砖等。

釉面砖具有表面光滑、易擦洗、吸水率低、美观耐用等特点，主要用于较高级的内外墙面以及厨房、卫生间的墙裙贴面。无釉面砖具有质地坚硬、强度高、吸水率低等特点，主要用于高级外墙面装修。

面砖的色彩、规格、品种繁多，可根据需要按厂家产品目录选用。常用的长宽规格有 150mm×150mm、150mm×75mm、113mm×77mm、145mm×113mm、265mm×113mm 等，厚度为 5mm～17mm。

面砖安装前应先对其表面进行清理，然后用水浸泡，并在贴前取出晾干或擦干表面水分。面砖饰面的构造如图 3-46 所示。

（四）陶瓷锦砖饰面

陶瓷锦砖也称马赛克，是以优质瓷土烧制而成的小尺寸瓷砖，色彩丰富，品种多样，可根据需要拼成各种图案，如图 3-47 所示。陶瓷锦砖具有表面质密、质地坚硬、耐磨、耐酸、耐碱等特点，常用于外墙面、卫生间和厨房地面等的装修。生产厂家按设计的图案，将小块的马赛克正面向下贴于 500mm×500mm 牛皮纸上。施工时将纸面向外贴于饰面基层（先用 1∶3 水泥砂浆打底，后用 1∶1 水泥砂浆掺 2%乳胶或 107 胶粘贴），待半凝后将纸洗去，同时修整饰面。

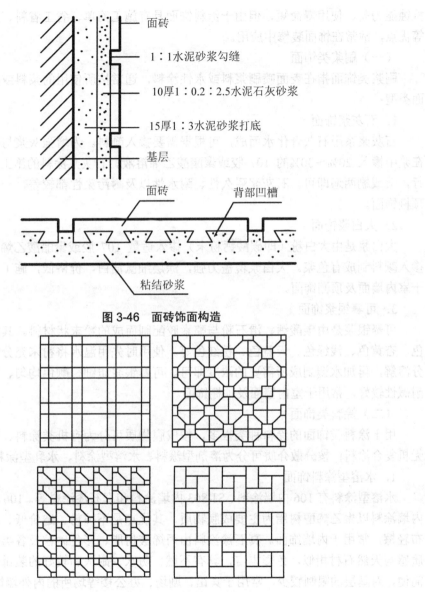

图 3-46 面砖饰面构造

图 3-47 陶瓷锦砖图案组合示例

三、涂料类墙面的装修

涂料饰面是在木基层或抹灰饰面上喷、刷涂料涂层的一种墙面装修方式。按涂刷材料种类的不同，可将其分为刷浆类饰面、涂料类饰面、油漆类饰面等类型。涂料饰面涂层薄、抗蚀能力差、使用寿命短，但由于涂料饰面具有施工简单、省工省料、自重轻、维修方便等优点，故常在饰面装修中应用。

（一）刷浆类饰面

刷浆类饰面指在表面喷刷浆料或水性涂料，通常按所使用的浆料或涂料分以下几种饰面类型：

1．石灰浆饰面

石灰浆系用石灰膏化水而成，可根据需要掺入颜料。为增强灰浆与基层的粘结力，可在浆中掺入 20%～30%的 107 胶或聚醋酸乙烯溶液。石灰浆涂料的施工要在墙面干燥后进行，喷或刷两遍即可。石灰浆耐久性、耐水性以及耐污染性都较差，一般用于室内墙面、顶棚饰面。

2．大白浆饰面

大白浆是由大白粉（即碳酸钙粉末）掺入适量 107 胶或聚醋酸乙烯乳液配制而成，可掺入颜料制成有色浆。大白浆覆盖力强，涂层细腻洁白，价格低，施工及维修方便，常用于室内墙面及顶棚饰面。

3．可赛银浆饰面

可赛银浆是由碳酸钙、滑石粉与酪素胶配制而成的粉末状材料。其颜色有多种，如白色、杏黄色、浅绿色、天蓝色、粉红色等。使用时先用温水将粉末充分浸泡，使酪素胶充分溶解，再加水调制成所需要的浓度即可。可赛银浆质细、颜色均匀、附着力强，耐磨、耐碱性较好，常用于室内墙面及顶棚饰面。

（二）涂料类饰面

用于涂料类饰面的涂料种类很多，按成膜物质可分为有机类涂料、无机类涂料、有机无机复合涂料；按分散介质可分为溶剂型涂料、水溶型涂料、水乳型涂料（乳液型）。

1．水溶型涂料饰面

水溶型涂料有 106 内墙涂料、SJ-803 内墙涂料和真石漆涂料等。106 内墙涂料和 SJ-803 内墙涂料以聚乙烯醇树脂为主要成膜物质，其优点是不掉粉、造价低、施工方便，可用湿布轻擦，常用于内墙饰面。真石漆涂料由丙烯酸树脂、彩色砂粒及各类辅助剂组成，膜层质感与天然石材相似，色彩丰富，具有不燃、防水、耐久和较好的装饰性等特点，且施工简便，对基层的限制较少，常用于宾馆、剧场、办公楼等场所的内外墙饰面。

2．乳液型涂料饰面

乳液型涂料是以各种有机单体经乳液聚合反应生成的聚合物为主要成膜物质配成的涂料。当填充料为细小粉末时，所配制的涂料能形成类似油漆漆膜的平滑涂层，习惯上又称为"乳胶漆"。

乳液型涂料以水为分散介质，具有无毒、不污染环境、透气、干燥快、工期短、易清洁、品种多、装饰效果好等优点，但施工要求基层平整、光洁、无裂纹。乳液涂料属高级饰面材料，主要用于内外墙饰面。外墙饰面的乳液涂料可掺入类似云母粉、粗砂粒等填料，形成一定粗糙感的涂层，称为乳液厚质涂料。

3．溶剂型涂料饰面

溶剂型涂料是以高分子合成树脂为主要成膜物质，以有机溶剂为稀释剂，加入一定量的颜料、填料及辅料，经辊轧、塑化、研磨、搅拌、溶解配制而成的一种挥发性涂料。这类涂料具有较好的硬度、光泽、耐水性、耐蚀性以及耐老化性，但施工时有机溶剂易挥发，污染环境。施工时要求基层干燥，除个别品种外，在潮湿基层上施工易产生起皮、脱落等情况。这类涂料主要用作外墙饰面。

4．硅酸盐无机涂料饰面

硅酸盐无机涂料是以碱性硅酸盐为基料，外加硬化剂、颜料、填充料及助剂配制而成的涂料，如 JH801 无机建筑涂料。这种涂料具有良好的耐光、耐热、耐水、耐老化以及耐污染性，且无毒，对空气无污染。涂料施工可喷涂，也可刷涂，但前者较好。

（三）油漆类饰面

油漆涂料是由粘结剂、颜料、溶剂和催干剂组成的混合剂。油漆涂料能在材料表面干结成漆膜，与外界空气、水分隔绝，从而达到防潮、防锈、防腐等保护作用。漆膜表面光洁、美观，改善了卫生条件，增强了装饰效果。常用的油漆涂料有调和漆、清漆、防锈漆等。调和漆一般用于室内外各种木材、金属、砖石表面；清漆一般用于室内外金属、木材表面；防锈漆一般用作金属表面的底漆。

四、裱糊类墙面的装修

裱糊类墙面是通过将卷材类软质装饰材料用胶粘贴到平整基层上的装修方法制成的。常用的裱糊类材料有墙纸、墙布、锦缎、皮革、薄木等。

（一）裱糊墙面的种类

1．墙纸饰面

墙纸是室内装饰常用的饰面材料，不仅广泛用于墙面装饰，也可用于吊顶装饰。它具有色彩及质感丰富等优点。

目前采用较多的墙纸是塑料墙纸。塑料墙纸又有普通纸基墙纸、发泡墙纸、特种墙纸之分。普通纸基墙纸价格较低，可以用单色压花方式仿丝绸、织锦的效果，也可以用印花压花方式制作色彩丰富、具有立体感的凹凸花纹。发泡墙纸经过加热发泡可制成具有装饰和吸声双重功能的凹凸花纹，其图案真实，立体感强，具有弹性，是目前最常用的一种墙纸。特种墙纸有耐水墙纸、防火墙纸、木屑墙纸、金属箔墙纸、彩砂墙纸等，用于有特殊功能或特殊装饰效果要求的场所。

2. 墙布饰面

常用的墙布有玻璃纤维墙布和无纺墙布。

- 玻璃纤维墙布以玻璃纤维布为基材，表面涂布树脂，再经染色、印花等工艺制成。它具有强度大、韧性好、耐水、耐火、可擦洗等特点，且具有布质纹路，装饰效果好的特点，但是它的遮盖力较差，易磨损。
- 无纺墙布以经过无纺成型的天然纤维或合成纤维为基材，经染色、印花等工艺制成。无纺墙布色彩鲜艳，不褪色，富有弹性，表面光洁，且有羊绒质感，有一定透气性，可擦洗，施工方便。无纺墙布是一种新型高级内墙饰面材料。

3. 锦缎等饰面

锦缎、皮革、薄木等饰面均属高级装修材料，常用于高级宾馆客房的内墙面、大型公共建筑的厅堂墙面、机场贵宾休息室墙面等。

（二）裱糊墙面的施工

1. 裱糊墙面的基层处理

裱糊类饰面在施工前要对基层进行处理。处理后的基层应坚实牢固，表面平整光洁，线脚通畅顺直，不起尘，无砂粒和孔洞，同时应保持干燥。

处理基层时，先要对其进行清扫，然后对基层表面进行填平。填平的做法通常是在清洁的基层上用胶皮刮板刮腻子数遍。常用的腻子有乳胶腻子和油性腻子。腻子将基层凹处、钉眼、接缝等处补齐。抹最后一遍腻子时应打磨，待基层光滑后再用软布擦净。

石膏板基层的接缝处应在磨平后贴接缝纸带，以防接缝开裂。旧墙体的表面如有脱灰、孔洞等缺陷，应先用相同的砂浆进行修补，再用腻子进行修补填平。如果墙面有油渍等污迹，应清除干净后再做其他处理，以保证基层粘结牢固。

有防潮或防水要求的墙体，应对基层做防潮或防水处理。

2. 裱糊的施工及接缝处理

墙纸或墙布在施工前要先作浸水或润水处理，使其自由膨胀变形。可以在墙纸的背面均匀涂刷粘结剂以增强粘结力，但墙布的背面不宜刷胶，以免拼贴时对正面造成污染。为防止基层吸水过快，可以先用按 1：（0.5～1）稀释的 107 胶水满刷一遍，再涂刷粘结剂。裱糊的顺序为先上后下、先左后右，应使饰面材料的长边对准基层上弹出的垂直准线，用刮板或胶辊将其赶平压实，使饰面材料与基层间没有气泡存在。相邻面材接缝处若无拼花要求，可在接缝处使两幅材料重叠 20mm，用钢直尺压在搭接宽度的中部，再用工具刀沿钢直尺进行裁切，然后将多余部分揭去，再用刮板刮平接缝。当饰面有拼花要求时，应使花纹重叠搭接。

本 章 小 结

本章主要介绍了墙体的分类及设计要求、各类墙体的构造和装修做法。在一幢房屋中，墙因其位置、作用、材料和施工方法的不同具有不同的类型。在确定墙体材料和构造方案时，首先要满足结构方面的要求，如确定墙体的承重方案、满足强度和稳定性的要求。其次要满足功能方面的要求，如保温、隔热、隔声、防火、防潮、防水等。

由砖、石或各种砌块砌筑而成的结构，称为砌体结构。砖砌体中砖的种类有多种，常用的有烧结普通砖和烧结多孔砖，强度等级有 MU30、MU25、MU20、MU15、MU10 五级；常用的砌筑砂浆有水泥砂浆、石灰砂浆及混合砂浆，其强度等级有 M15、M10、M7.5、M5、M2.5 五级。砖墙组砌的法则是"错缝搭接"，即上下皮砖的垂直缝交错，使砖墙具有良好的整体性。

砖墙的细部构造包括墙身防潮、散水、勒脚、踢脚、窗台、过梁、窗套、腰线、变形缝及墙身加固措施等。墙体变形缝包括伸缩缝、沉降缝和防震缝，抗震设防地区，伸缩缝、沉降缝还必须同时满足防震缝的构造要求。墙身加固措施主要包括圈梁和构造柱，圈梁与构造柱一起形成空间骨架，可以增强房屋的整体刚度，提高房屋的抗震能力。

墙面装修包括外墙面装修和内墙面装修两大类。根据装修材料和做法的不同，外墙面装修又可分为抹灰类、贴面类和涂料类三种方式，而内墙面装修除了以上三类外还有裱糊类。

思考与讨论

1．试比较横墙承重方案、纵墙承重方案、纵横墙混合承重方案、局部框架承重方案的特点。
2．绘图说明"冷桥"现象产生的原因。
3．墙身防潮层的位置如何设置？
4．砌体房屋伸缩缝最大间距有哪些规定？
5．沉降缝应设置在什么部位？
6．防震缝应设置在什么部位？
7．砌体结构中圈梁设置的位置有哪些要求？
8．试绘制框架填充墙墙体与柱子的连接构造图。
9．抹灰的三种标准工序要求是什么？
10．围护结构的保温措施有哪些？

第四章 楼 地 层

学习目标

1. 了解楼板层、地坪层的组成和楼地面、顶棚的构造；了解楼板的分类和细部构造。
2. 了解阳台和雨篷的构造要求。

导言

楼地层包括楼板层和地坪层，是分隔房屋竖向空间的水平承重构件。楼板层分隔上下楼层空间，其结构层为楼板。楼板主要承受人、家具等荷载，并将这些荷载及其自重传给其下的结构构件（墙或柱），再通过这些结构构件传给基础。地坪层分隔大地与底层空间，其结构层为垫层。垫层将所承受的上部荷载及自重均匀地传给夯实的地基。本章主要介绍楼地层的基本构造和设计要求，同时介绍阳台和雨篷的构造。

第一节 楼 板 层

楼板层的基本构造层是面层、楼板和顶棚。面层的做法和要求与地坪层的面层相同，将在地坪层一节中详细介绍。本节主要介绍楼板层的设计要求、楼板的类型及其细部构造。

一、楼板层的基本组成与设计要求

（一）楼板层的基本组成

楼板层通常由面层、楼板、顶棚三部分组成，如图4-1所示。面层又称楼面，是楼板层的上表面构造层；楼板是楼板层的结构层，一般包括梁和板两部分；顶棚是楼板层的下表面构造层。

为了满足不同使用功能的要求，在现代化的多层建筑中，楼板层还需增设各种附加层，如管道敷设层、防水层、隔声层、保温层等。

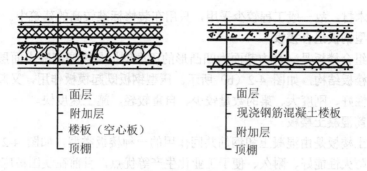

图 4-1 楼板层的基本组成

（二）楼板层的设计要求

1．具有足够的强度和刚度

楼板应具有足够的强度，使其能够承受各种使用荷载和自重。同时，楼板还应具有一定的刚度，以保证其在荷载作用下所产生的变形保持在允许的范围之内。

2．满足隔声、防火、热工等方面的要求

通常噪声的传播途径有空气传声和固体传声两种，为了防止噪声通过楼板传到上下相邻的房间而影响房间的使用，楼板层应具有一定的隔声能力。楼板层的隔声量一般在40dB～60dB 范围内。采用空心楼板和铺垫焦渣等材料，可以隔绝空气传声。在地面上铺设橡胶、地毯可以减少各种物体对楼板的撞击，从而达到一定的隔固体声的效果。

楼板层应根据不同等级的建筑物在防火方面的具体要求进行设计，应符合国家防火规范的要求。此外，楼板层还应满足一定的热工要求，即有一定的蓄热性；对有恒温、恒湿要求的房间，应在楼板层中设置保温层；对容易积水、潮湿的楼板面，应在楼板层中设置防水层。

3．满足建筑经济的要求

一般多层砖混结构房屋楼板层的造价占房屋总造价的 20%～30%。因此，应根据建筑物的质量标准、使用要求以及施工技术条件，选择经济合理的结构形式和构造方案，尽量减少材料的消耗和楼板层的自重。

二、楼板的类型

楼板按使用材料的不同，可分为木楼板、压型钢板组合楼板和钢筋混凝土楼板三种类型。

（一）木楼板

木楼板由木板、木搁栅及木搁栅间的剪刀撑组成，如图 4-2（a）所示。木楼板具有自重轻、保温性能好、舒适、节约钢材和水泥等优点，但易燃、易腐蚀、易被虫蛀、耐久性差、耗用大量木材，故一般工程较少采用，只用在装修标准较高的建筑中。

（二）压型钢板组合楼板

压型钢板组合楼板是一种由截面为凹凸形的压型钢板与现浇混凝土面层组合而形成的整体性很强的楼板结构，如图 4-2（b）所示。压型钢板既起模板作用，又起结构作用。这种楼板的整体性好、刚度大、梁的数量较少、自重较轻、施工速度快。

（三）钢筋混凝土楼板

钢筋混凝土楼板是由混凝土和钢筋共同作用的一种楼板类型，如图 4-2（c）所示。它具有强度高、防火性能好、耐久、便于工业化生产等优点，目前在我国被广泛采用。

根据施工方法的不同，钢筋混凝土楼板又分为现浇钢筋混凝土楼板、预制装配式钢筋混凝土楼板等类型。

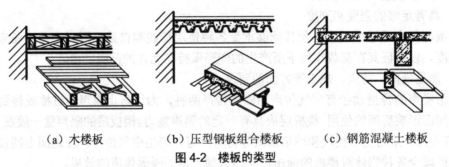

（a）木楼板　　　（b）压型钢板组合楼板　　　（c）钢筋混凝土楼板

图 4-2　楼板的类型

三、现浇钢筋混凝土楼板

通常现浇钢筋混凝土楼板有现浇肋梁楼板、井字梁楼板和无梁楼板三种类型。

（一）现浇肋梁楼板

现浇肋梁楼板由板、次梁、主梁现浇而成，如图 4-3（a）所示。根据板的受力状况不同，有单向板、双向板之分，如图4-3（b）、(c) 所示。在单向板肋梁楼板中，板由次梁支承，次梁将荷载传给主梁。常采用的单向板跨度尺寸为 1.7m～2.5m，最大不宜超过 3m。双向板短边的跨度宜小于 4m；方形双向板宜小于 5m×5m。次梁的经济跨度为 4m～6m；主梁的经济跨度为 5m～8m。

（二）井字梁楼板

井字梁楼板两个方向的梁不分主次，高度相等，同位相交，呈井字形，如图4-4所示。

井字梁楼板实际上是肋梁楼板的一种特例，其板为双向板，所以井字梁楼板也是双向板肋梁楼板。

井字梁楼板宜用于正方形平面或接近正方形的平面中。梁与楼板平面的边线可正交也可斜交。此种楼板图案美观，有装饰效果，可获得较大的建筑空间，一般跨度不超过 20m，梁的间距一般为 3m 左右。在一些跨度较大的大厅式房间常采用，如北京西苑饭店的接待大厅、北京政协礼堂等。

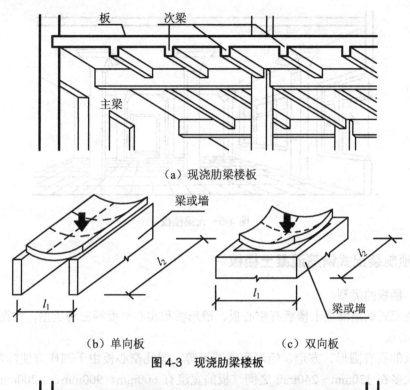

图 4-3 现浇肋梁楼板

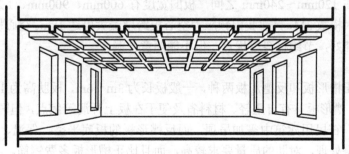

图 4-4 井字梁楼板

（三）无梁楼板

无梁楼板是将楼板直接支承在柱上的一种楼板类型，如图 4-5 所示。为了提高楼板的承载能力和刚度，以免楼板过厚，通常在柱顶设置柱帽。柱帽的形式有方形、多边形、圆形等。

一般而言，无梁楼板采用正方形或接近正方形的柱网较为经济，常用的柱网尺寸为 6m

左右，板厚170mm～190mm。无梁楼板顶棚平整，有利于室内的采光、通风，视觉效果较好，且能减少楼板所占的空间高度，常用于商场、仓库、多层车库等建筑内。

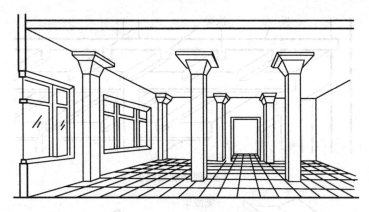

图 4-5 无梁楼板

四、预制装配式钢筋混凝土楼板

（一）楼板的类型

预制装配式钢筋混凝土楼板有空心板、槽形板和实心平板等三种类型，如图4-6所示。

1. 空心板

空心板的孔有圆形、方形、矩形和椭圆形等。圆孔空心板由于制作方便，常被采用。板的厚度大多在120mm～240mm之间，板的宽度有600mm、900mm、1 200mm等，板的长度应符合扩大模数3M，目前我国预应力空心板跨度最大可达18m。空心板具有板底平整，隔音、隔热性能好，节约材料等优点，但不能随意开洞。

2. 槽形板

槽形板有正槽形板和反槽形板两种，一般板长为3m～6m，板肋高为120mm～240mm，板厚为30mm。槽形板具有自重轻、材料省及便于在板上开洞等优点，但隔声效果差。正槽形板板底不平，在民用建筑中需加吊顶。而反槽形板的板底平整，保温、隔声处理较易，但上面需作平整处理，对肋的质量要求较高，而且比正槽形板多费钢筋。

3. 实心平板

实心平板具有板面上下平整、制作简单、节约模板等优点，但自重较大、隔声效果差。当板跨较大时，因必须增加板厚从而变得不经济，所以常用作走道板、卫生间楼板、雨篷板、管沟盖板等。实心平板的经济跨度在2.5m以内，板厚为跨度的1/30，通常为60mm～80mm，板宽为400mm～900mm。

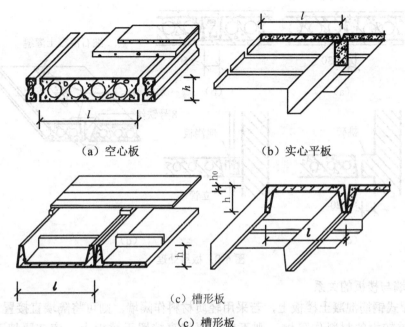

(a) 空心板　　　　　　　(b) 实心平板

(c) 槽形板

(c) 槽形板

图 4-6　预制装配式钢筋混凝土楼板

(二) 楼板的细部构造

1. 板缝的处理

为了加强装配式楼板的整体性，预制板之间应留 10mm～20mm 的缝隙，并用细石混凝土灌缝密实。板缝的形式有 V 形、U 形和凹槽形三种，如图 4-7 所示。

(a) V 形　　　(b) U 形　　　(c) 凹槽形

图 4-7　板缝的形式

板的排列受到规格的限制，当布置房间楼板出现不足一块整板的板缝时，需作如下处理：

(1) 当板缝≤30mm 时，用细石混凝土灌实即可，如图 4-8 (a) 所示。

(2) 当板缝≥50mm 时，应先在缝中加钢筋网片，再灌细石混凝土，如图 4-8 (b) 所示。

(3) 当板缝≤120mm 时，可将缝留在靠墙处，沿墙挑砖填缝，如图 4-8 (c) 所示。

(4) 当板缝＞120mm 时，可用现浇钢筋混凝土板带，并结合管道穿越处处理，如图 4-8 (d) 所示。

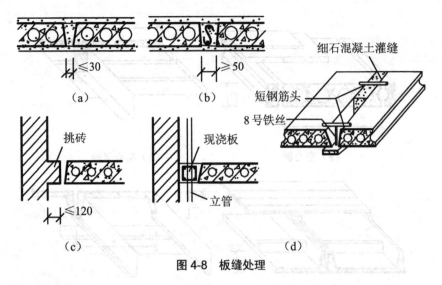

图 4-8 板缝处理

2. 隔墙与楼板的关系

在装配式钢筋混凝土楼板上，若采用轻质材料作隔墙，则可将隔墙直接置于楼板上；若采用自重较大的材料作隔墙，则不宜将隔墙直接置于楼板上，应在隔墙下设梁，如图 4-9（a）所示；或在隔墙下现浇钢筋混凝土板带，如图 4-9（b）所示；若在槽形板上设隔墙，则应将隔墙设置在槽形板的纵肋上，如图 4-9（c）所示。当采用空心板时，应尽量避免将隔墙置于一块板上。

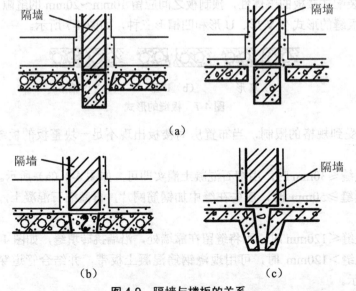

图 4-9 隔墙与楼板的关系

3. 板的搁置及锚固

预制板直接搁置在梁上或墙上时，均应有足够的搁置长度。在梁上的搁置长度不宜小于 80mm，在墙上的搁置长度不宜小于 100mm，并应在墙或梁上铺大于 10mm 厚的 M5 水泥砂浆，即坐浆，以利于楼板与墙或梁的连接。为了加强楼板的整体刚度，在板与墙及板与板的连接处，应设置锚固钢筋，如图 4-10 所示。

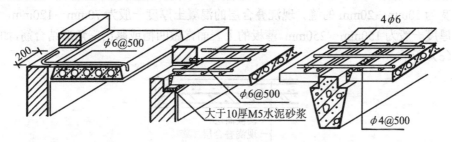

图 4-10　板的锚固

五、装配整体式楼板

装配整体式楼板是由预制和现浇两部分构件合成的板，常见的类型有密肋填充块楼板和叠合式楼板两种。

（一）密肋填充块楼板

密肋填充块楼板由密肋楼板和填充块叠合而成，有现浇空心砖楼板、预制小梁填充块楼板、带骨架芯板填充块楼板三种类型，如图 4-11 所示。

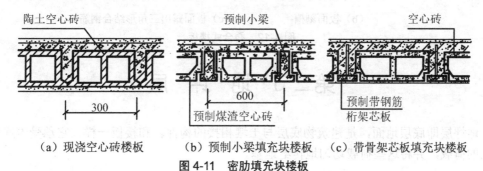

（a）现浇空心砖楼板　　（b）预制小梁填充块楼板　　（c）带骨架芯板填充块楼板

图 4-11　密肋填充块楼板

密肋楼板由布置得较密的肋（梁）与板构成，肋与肋间常用陶土空心砖或焦渣空心砖填充。肋的间距及高度应与填充物尺寸配合，通常肋的间距应为 700mm～1 000mm、肋宽应为 60mm～150mm、肋高应为 20mm～300mm、板的厚度不应小于 50mm、楼板的适用跨度为 4m～10m。

由于现浇密肋与填充物及板之间是咬接的，因而整体性好。此种楼板还具有隔声、保温、隔热效果较好、省模板、利于管道铺设等优点，常用于学校、住宅、医院等建筑中。

（二）叠合式楼板

叠合式楼板是由预制薄板与现浇混凝土面层叠合而成的，如图4-12（a）所示。它省模板、整体性好、便于敷设管线、板底平整，但施工麻烦。

一般叠合式楼板跨度为4m～6m，薄板厚度为60mm～70mm，板宽为1.1m～1.8m，板间应留宽为10mm～20mm的缝。现浇叠合层的混凝土厚度一般为70mm～120mm，叠合楼板的总厚度一般为150mm～250mm。薄板的上表面常做凹槽或露出三角形结合筋，如图4-12（b）、（c）所示。

（a）叠合组合楼板

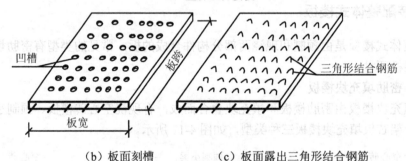

（b）板面刻槽　　　　（c）板面露出三角形结合钢筋

图4-12　叠合式楼板

第二节　地　坪　层

地坪层即底层地面，是建筑物底层与土壤相接的构件。和楼板一样，它承受着底层地面上的荷载，并将这些荷载均匀地传给地基。

一、地坪层的组成

通常地坪层的基本构造层次为面层、垫层和基层。当基本构造层次不能满足使用要求时，就需设置一些其他的构造层，如结合层、找平层、防潮层、保温隔热层、隔离层、管道铺设层等，如图4-13所示。

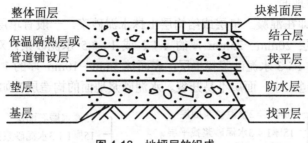

图 4-13 地坪层的组成

（一）基层

基层是指夯实的土壤层，即素土夯实层，也称地基。素土是指不含杂质的砂质粘土，它经过夯实后才能承受地面荷载。通常填土厚度为 300mm，夯实后土的厚度为 200mm。

（二）垫层

垫层是承受并传递上部荷载的结构层，有刚性垫层和非刚性垫层之分。刚性垫层常用低标号的混凝土（如 C15 混凝土）制作，其厚度为 80mm～100mm，通常用于面层薄而脆的地面（如水磨石地面、瓷砖地面、大理石地面等）；非刚性垫层常用 50mm 厚的砂垫层、80mm～100mm 厚的碎石灌浆垫层、50mm～70mm 厚的石灰炉渣垫层、70mm～120mm 厚的三合土（石灰、炉渣、碎石）垫层等制作，通常用于面层厚而不易断裂的地面（如混凝土地面、水泥制品块地面等）。对于某些室内荷载大、地基承载较差、有保温等特殊要求的地面，或者对面层装修标准要求较高的地面，可做复合垫层，即在基层上先做一层非刚性垫层，再做一层刚性垫层。

（三）面层

地坪层面层和楼板层面层统称为地面面层。地面面层是人们日常生活、工作、生产直接接触的地方。通常地面面层应坚固耐磨、表面平整、易清洁、不起尘。不同用途的房间，对地面面层有不同的要求。例如，对人们居住或长时间停留的房间，要求地面面层有较好的蓄热性和弹性，对浴室、厕所等地面面层要求耐潮湿、不透水，对厨房和锅炉房的地面面层要求防水、耐火，对化学实验室地面面层要求耐酸碱、耐腐蚀等。

二、楼地面的构造

（一）楼地面装修

楼地面装修是指楼板层和地坪层的面层装修。楼地面按其材料和装修做法可分为整体地面、块料地面、塑料地面和木地面四种类型。

1. 整体地面

整体地面是现浇的地面，包括水泥砂浆地面、水泥石屑地面、水磨石地面三种。

(1) 水泥砂浆地面

水泥砂浆地面即在混凝土垫层或结构层上抹水泥砂浆，一般有单层和双层两种做法。单层做法是只抹一层 20mm～25mm 厚的 1∶2 或 1∶2.5 水泥砂浆；双层做法是增加一层 10mm～20mm 厚的 1∶3 水泥砂浆找平层，表面抹 5mm～10mm 厚的 1∶2 水泥砂浆，双层做法由于增加了一道工序，面层不易开裂。水泥砂浆地面的构造层次如图 4-14（a）所示。

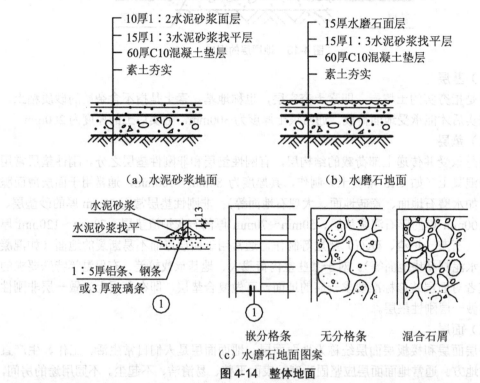

图 4-14 整体地面

水泥砂浆地面具有构造简单、坚固，能防潮、防水，造价较低等优点，但水泥地面蓄热系数大，冬天表面温度低，空气湿度大时易产生凝结水，且表面易起灰，不易清洁，通常只有对地面要求不高的房间或需进行二次装修的商品房才采用水泥砂浆地面。

(2) 水泥石屑地面

水泥石屑地面是以石屑替代沙子的一种水泥地面，亦称豆石地面或瓜米石地面，其构造也有单层和双层做法之别。单层做法是在垫层或结构层上直接做 25mm 厚的 1∶2 水泥石屑提浆抹光；双层做法是增加一层 15mm～20mm 厚的 1∶3 水泥砂浆找平层，面层铺 15mm 厚的 1∶2 水泥石屑提浆抹光。

水泥石屑地面性能近似水磨石，表面光洁，不易起尘，易清洁，但造价却仅为水磨石地面的 50%，通常在一些经济条件受限制地区的住宅和公共建筑中采用此种地面。

（3）水磨石地面

水磨石地面是将天然石料（如大理石、方解石、白云石屑等）的石屑，用水泥拌合在一起做面层，经磨光打蜡而成的。一般分两层施工，即在刚性垫层或结构层上用 10mm～20mm 厚的 1∶3 水泥砂浆找平，上面铺上 10mm～15mm 厚的 1∶1.5～1∶2 的水泥白石子，待面层达到一定强度后加水，用磨石机磨光、打蜡。

为防止水磨石地面干缩变形而产生不规则裂缝，在做好找平层后，应用嵌条把地面分成若干小块，形成网格，如图 4-14（b）、(c) 所示。分格形状可以设计成各种图案，其尺寸为 1 000mm 左右。嵌条常采用玻璃、塑料或金属（铜、铝）等材料，嵌条高度与磨石面层厚度相同，并用 1∶1 水泥砂浆固定。嵌固砂浆不宜过高，否则会造成面层在嵌条两侧仅有水泥而无石子的现象，影响美观。如果将普通水泥换成白水泥，并掺入不同的颜料，可做成各种彩色的地面，即所谓的美术水磨石地面，但造价较普通水磨石高 4 倍左右。

水磨石地面具有良好的耐磨性、耐久性、防水和防火性，质地美观、表面光洁、不起尘、易清洁，通常应用于居住建筑的浴室、厨房、厕所和公共建筑门厅、走道以及主要房间的地面。

2. 块料地面

块料地面是把地面材料加工成块（板）状，然后借助胶结材料贴或铺砌在结构层上而形成的。常用的胶结材料有水泥砂浆、油膏等，也有用细砂和细炉渣做结合层的。块料地面种类很多，常用的有粘土砖、水泥砖、大理石、缸砖、陶瓷锦砖、陶瓷地砖等。

（1）粘土砖地面

粘土砖地面采用普通粘土标准砖铺成，有平砌和侧砌两种施工方式，如图 4-15 所示。这种地面施工简单，造价低廉，适用于标准要求不高的建筑物或者临时建筑物的地面以及庭园小道等。

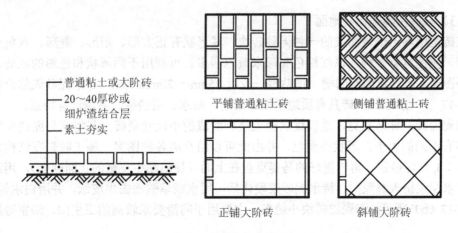

图 4-15　粘土砖地面

(2) 水泥制品块地面

常用的水泥制品块地面有水泥砂浆砖块地面、水磨石块地面、预制混凝土块地面等类型。

水泥制品块与基层之间有两种粘结方式：当预制块尺寸较大且较厚时，常在板下干铺一层20mm～40mm厚的细砂或细炉渣，待铺好后，板缝用砂浆嵌填，如图4-16（a）所示。这种做法施工简单、造价低，便于维修更换，但不易平整；当预制块小而薄时，则采用12mm～20mm厚的1∶3水泥砂浆做结合层，铺好后再用1∶1水泥砂浆嵌缝，如图4-16（b）所示。应用这种做法铺设的地面坚实、平整，但施工较复杂，造价也较高。

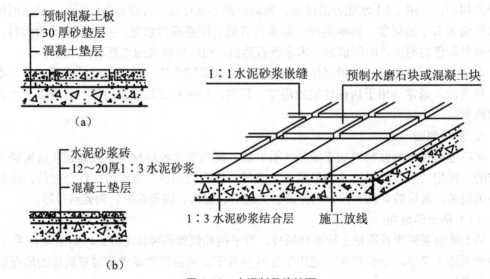

图4-16 水泥制品块地面

(3) 缸砖及陶瓷锦砖地面

缸砖是用陶土焙烧而成的一种无釉砖块。其形状有正方形、矩形、菱形、六角形、八角形等。颜色也有多种，以红棕色和深米黄色居多。可利用不同形状和色彩的缸砖，组合成各种图案。缸砖背面有凹槽，铺贴时一般用15mm～20mm厚1∶3水泥砂浆结合材料，如图4-17（a）所示。缸砖具有质地坚硬、耐磨、耐水、耐酸碱、易清洁等特点。

陶瓷锦砖又称马赛克，是以优质瓷土烧制而成的小尺寸瓷砖，其特点与面砖相似。陶瓷锦砖有不同的大小、形状和颜色，并由此可以组合成各种图案。施工时先在结构层上铺一层1∶3水泥砂浆，再将拼好的马赛克盖在上面（使粘贴牛皮纸的正面朝上），用滚筒压平，使水泥浆挤入缝隙间，待水泥砂浆硬化后，用水或草酸洗去牛皮纸，并用白水泥擦缝，如图4-17（b）所示。陶瓷锦砖块小缝多，主要用于防滑要求较高的卫生间、浴室等房间的地面。

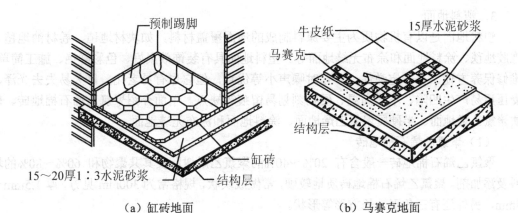

图 4-17 缸砖及马赛克地面

(4) 陶瓷地砖地面

陶瓷地砖又称墙地砖,其类型有釉面地砖、无光釉面地砖、无釉防滑地砖及抛光同质地砖。陶瓷地砖有红、浅红、白、浅黄、浅绿、浅蓝等各种颜色。地砖色调均匀,砖面平整,抗腐耐磨,施工方便,且块大缝少,装饰效果好,因而越来越多地被用于办公、商店、旅馆和住宅中。陶瓷地砖一般厚 6mm~10mm,有 500mm×500mm、400mm×400mm、300mm×300mm、250mm×250mm、200mm×200mm 等规格。规格越大的陶瓷地砖,价格越高,装饰效果越好。

(5) 大理石、花岗岩地面

大理石板多用于室内高级装修地面,大理石板的厚度一般为 20mm,用 1:3 水泥砂浆粘结,方整大理石块之间的缝隙不大于 1mm,其构造如图 4-18 所示。

花岗岩石板是高级、耐磨的地面材料,主要用于建筑标准较高的室外台阶和踏步等处。

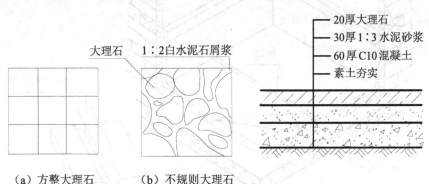

图 4-18 大理石地面

3. 塑料地面

塑料地面是以有机物质为主要原料制成的地面覆盖材料，如块材地毡、卷材油地毡、橡胶地毯、涂料地面和涂布无缝地面等。塑料地面具有装饰效果好、色彩鲜艳、施工简单、维修保养方便、有一定弹性、步行时噪声小等优点，但它也有易老化、日久易失去光泽、受压后易产生凹陷、不耐高温、硬物刻划易留痕等缺点。下面介绍聚氯乙烯石棉地砖、软质聚氯乙烯地面、半硬质聚氯乙烯地面、涂料地面和涂布无缝地面。

（1）聚氯乙烯石棉地砖

聚氯乙烯石棉地砖一般含有 20%～40%的聚氯乙烯树脂及其共聚物和 60%～80%的填料及添加剂。聚氯乙烯石棉地砖质地较硬，常做成块状，规格常为300mm见方，厚1.5mm～3mm，另外还有三角形、长方形等形状。

聚氯乙烯石棉地砖的施工方法是在清理基层后，根据房间大小设计图案排料编号，在基层上弹线定位，由中心向四周铺贴。

（2）软质聚氯乙烯地面

软质聚氯乙烯地面由于增塑剂较多而填料较少，故较柔软，有一定弹性，而且耐凹陷性能好，但不耐燃，尺寸稳定性差，主要用于医院、住宅等建筑中。其规格为宽800mm～1 240mm，长12m～20m，厚1mm～6mm。

软质聚氯乙烯地面的施工是在清理基层后按设计弹线，在塑料板底满涂氯丁橡胶粘结剂1～2遍后进行铺贴。地面的拼接方法是将板缝先切割成V形，然后用三角形塑料焊条、电热焊枪焊接，并均匀加压，如图4-19所示。

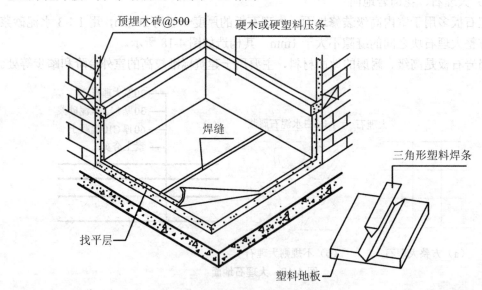

图4-19 软质聚氯乙烯地面

（3）半硬质聚氯乙烯地面

半硬质聚氯乙烯地面规格为 100mm×100mm～700mm×700mm，厚 1.5mm～1.7mm，粘结剂与软质地面相同。施工时，先将粘结剂均匀地刮涂在地面上，几分钟后，将塑料地板按设计图案贴在地面上，并用抹布擦去缝中多余的粘结剂。尺寸较大者（如 700mm×700mm）可不用粘结剂，铺平后即可使用。

（4）涂料地面和涂布无缝地面

涂料地面和涂布无缝地面区别在于：前者以涂刷方法施工，涂层较薄；而后者以刮涂方式施工，涂层较厚。

用于地面的涂料有地板漆、过氯乙烯地面涂料、苯乙烯地面涂料等。这些涂料施工方便，造价较低，可以提高地面耐磨性和韧性以及防水性，适用于民用建筑中的住宅、医院等。但由于过氯乙烯、苯乙烯地面涂料是溶剂型的，施工时会有大量有机溶剂逸出，污染环境。另外，由于涂层较薄耐磨性差，故不适于人流密集的公共场所。

涂布无缝地面主要是由合成树脂代替水泥或代替部分水泥，再加入填料、颜料等搅拌混合而成的地面材料，在现场涂布施工，硬化后形成整体无缝的地面。

涂布无缝地面按其胶凝材料可分为：单纯以合成树脂为胶凝材料的溶剂型合成树脂涂布地面和水溶性树脂或乳液与水泥组成胶凝材料的聚合物水泥涂布地面。

溶剂型合成树脂涂布地面有耐磨、弹韧、抗渗、耐腐蚀、整体性好的优点，特别适用于实验室、医院手术室、食品加工厂等卫生和耐腐蚀要求高的地面。

聚合物水泥涂布地面由于有水泥，因而耐水性比溶剂型合成树脂涂布地面好，且其粘结性、耐磨性、抗冲击性优于水泥地面。此种地面价格较溶剂型合成树脂地面便宜，材料来源较广，涂层干燥快，施工方便，美观耐磨，适用于住宅、实验室和其他民用建筑。

4．木地面

木地面的主要特点是有弹性、不起灰、不反潮、导热系数小，常用于住宅、宾馆、体育馆、剧院舞台等建筑中。

木地面按其板材规格常采用条木地面和拼花木地面。条木地面一般为长条企口地板，宽 50mm～150mm，左右板缝具有凹凸企口，直接铺设于基层木搁栅上，亦称单层木地面，如图 4-20（a）所示。拼花地面是由长度为 200mm～300mm 的窄条硬木地板纵横穿插镶铺而成的，铺设时需在搁栅上先斜铺一层毛板，再将拼花木板铺设于毛板上，故又称为双层木地面，如图 4-20（b）所示。

木地面按其构造方式有实铺、空铺、粘贴三种做法。

（1）实铺木地面

实铺木地面是将木地板直接固定在钢筋混凝土结构层上的小木搁栅上，木搁栅可用埋铅丝绑扎或 U 形铁件嵌固等方式固定，如图 4-20 所示。底层地面需在结构层上涂刷冷底子油或热沥青，以防止木地板受潮腐烂。

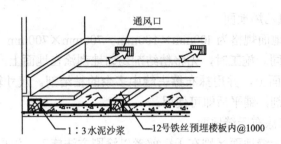

(a) 单层木地板

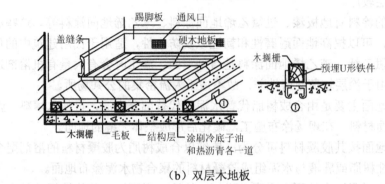

(b) 双层木地板

图 4-20　实铺木地面

（2）空铺木地面

空铺木地面常用于底层地面。具体做法是将木地板架空，木搁栅可直接放在内外砖墙上，也可置于砖墩或地垄墙上，如图 4-21 所示。此种木地面下部有足够的空间，便于通风，以防木地板受潮腐烂，但耗木料多，占空间大，目前较少采用。

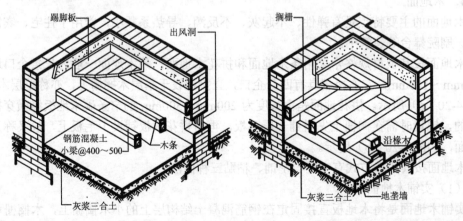

图 4-21　空铺木地面

（3）粘贴木地面

粘贴木地面是直接将木地板粘贴在结构层上的找平层上，如图4-22所示。常用的粘贴材料有沥青胶、环氧树脂、乳胶等，木板条需做成燕尾形断面。粘贴木地面构造简单，省木料，但应注意保证基层平整和粘贴质量。

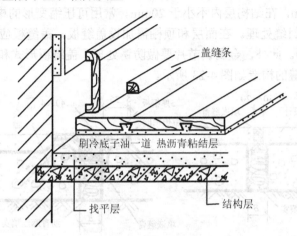

图4-22 粘贴木地面

（二）顶棚装修

顶棚同墙面、楼地面一样，是建筑物主要的装修部位之一。顶棚的类型有吊顶和直接顶棚两大类。

1．吊顶

在较大空间和装饰要求较高的房间中，因建筑声学、保温隔热、清洁卫生、管道铺设、室内美观等特殊要求，常将屋架、梁板等结构构件及设备用吊顶遮盖起来，形成一个完整的表面，这种装修叫做吊顶。

2．直接顶棚装修

直接顶棚装修即在楼板板底或屋面板板底表面直接喷刷、抹灰或粘贴。

（1）喷刷涂料

当装饰要求不高或楼板底面平整时，可在板底嵌缝后直接喷（刷）石灰浆或涂料两道。

（2）抹灰

对板底不够平整或装饰要求较高的房间，可在板底用各种抹灰材料（如纸筋石灰浆、混合砂浆、水泥砂浆、麻刀石灰浆、石膏灰浆等）进行装饰。

（3）粘贴

对某些装修标准较高或有保温吸声要求的房间，可在板底直接粘贴装饰吸声板、石膏板和塑胶板等。

(三)楼地面变形缝设置

楼地面变形缝包括温度伸缩缝、沉降缝和防震缝。其设置的位置和大小应与墙面、屋面变形缝一致。

楼地面变形缝应贯通楼地面各层,即从楼地面结构层到饰面层全部断开。其宽度在面层内不应少于10mm,在结构层内不小于20mm。常用可压缩变形的橡胶条、金属调节片、沥青麻丝等材料做封缝处理。在面层和顶棚需加设盖缝板,盖缝板应不妨碍构件之间变形需要(伸缩、沉降)。此外,金属调节片要做防锈处理,盖缝板形式和色彩应和室内装修相协调。楼地面变形缝的构造如图4-23所示。

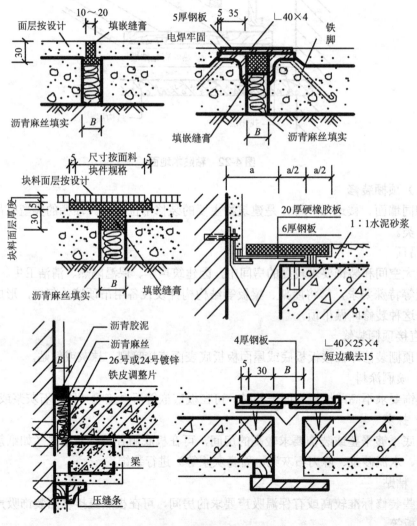

图4-23 楼地面变形缝构造

第三节 阳台与雨篷

阳台是多层或高层建筑中不可缺少的室内外过渡空间，它为人们提供户外活动的场所。同时，阳台的设置对建筑物的外部形象也起着重要的作用。雨篷一般设在房屋出入口的上方，在雨天使人们出入时不被雨淋，并起到保护门和丰富建筑立面的作用。因此，阳台和雨篷是建筑设计中细部处理的重要部位。

一、阳台

（一）阳台的类型、组成及要求

1. 阳台的类型

阳台按使用要求的不同可分为生活阳台和服务阳台。

根据与建筑物外墙的关系，阳台可分为挑（凸）阳台、凹阳台（凹廊）和半挑半凹阳台，如图4-24所示。

按在外墙上所处的位置不同，阳台有中间阳台和转角阳台之分。

当阳台的长度占有两个或两个以上开间时，称为外廊。

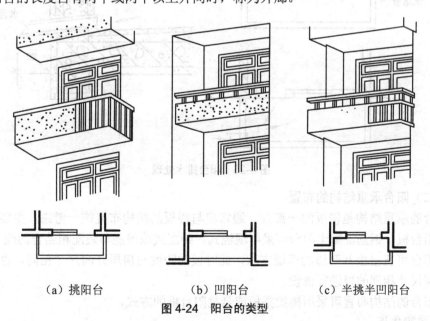

(a) 挑阳台　　(b) 凹阳台　　(c) 半挑半凹阳台

图 4-24　阳台的类型

2. 阳台的组成及要求

阳台主要由承重结构（梁、板）和栏杆组成。阳台的结构及构造设计应满足以下要求。

(1) 安全、坚固

阳台出挑部分的承重结构均为悬臂结构，其挑出长度应满足结构抗倾覆的要求，以保证结构安全。此外，阳台栏杆、扶手的构造应坚固、耐久，阳台栏杆应有防护措施，并给人以足够的安全感。栏杆高度：6 层及 6 层以下住宅的阳台栏杆净高不应低于 1.05m，7 层及 7 层以上住宅的阳台栏杆净高不应低于 1.10m。防护栏杆的垂直杆件间净距不应大于 0.11m。

(2) 适用、美观

阳台栏杆的形式应考虑当地气候特点，并满足立面造型的需要。南方地区宜采用空透的栏杆式样，北方严寒地区宜采用实心栏板。阳台挑出长度应根据使用要求确定，一般为 1m～1.5m。阳台地面低于室内地面 30mm～50mm，以免雨水倒流入室内，并应做一定坡度和布置排水设施，如图 4-25 所示。

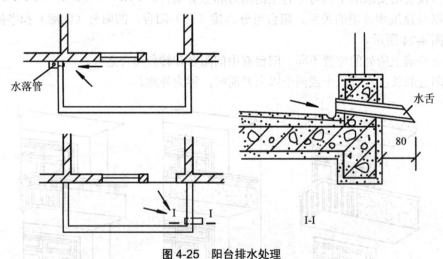

图 4-25 阳台排水处理

（二）阳台承重结构的布置

阳台的承重结构是楼板的一部分，通常应与楼板的结构布置统一考虑，主要采用钢筋混凝土阳台板。钢筋混凝土阳台可采用现浇式、装配式或现浇与装配相结合的施工方式。

凹阳台可直接由其两边的横墙支承，此时板的跨度与房屋开间尺寸相同。也可采用与阳台进深尺寸相同的板进行铺设。

挑阳台的结构布置可采用挑梁搭板或悬挑阳台板的方式。

1. 挑梁搭板

挑梁搭板即在阳台两端设置挑梁，然后在挑梁上搁板，如图 4-26 所示。此种方式构造简单、施工方便，阳台板与楼板规格一致，是常采用的一种方式。

结合立面造型，挑梁与板的处理有挑梁外露、设置边梁、设置L形挑梁卡口板等方式，如图4-26（a）、(b)、(c) 所示。

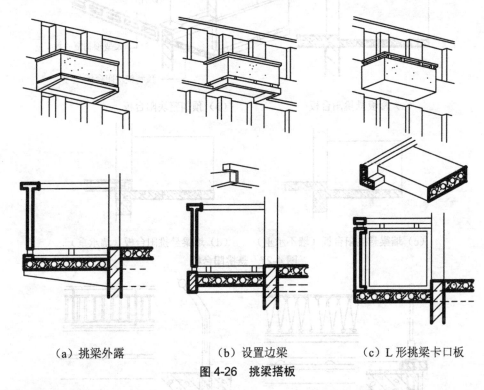

（a）挑梁外露　　　（b）设置边梁　　　（c）L形挑梁卡口板

图4-26　挑梁搭板

2．悬挑阳台板

阳台板的悬挑有楼板悬挑阳台板、墙梁悬挑阳台板两种方式，如图4-27所示。悬挑的阳台板板底平整，造型简洁，阳台长度可以任意调整，但施工较麻烦。

（三）阳台栏杆

1．类型

按材料的不同，阳台栏杆有金属栏杆、钢筋混凝土栏杆、砖栏杆及多种材料组合的栏杆等类型。

按立面形式的不同，阳台栏杆有实心栏板、空花栏杆和部分空透的组合式栏杆等类型，如图4-28所示。

栏杆类型的选择应结合立面造型的需要、使用的要求、地区气候特点、人的心理要求、材料的供应情况等多种因素来决定。

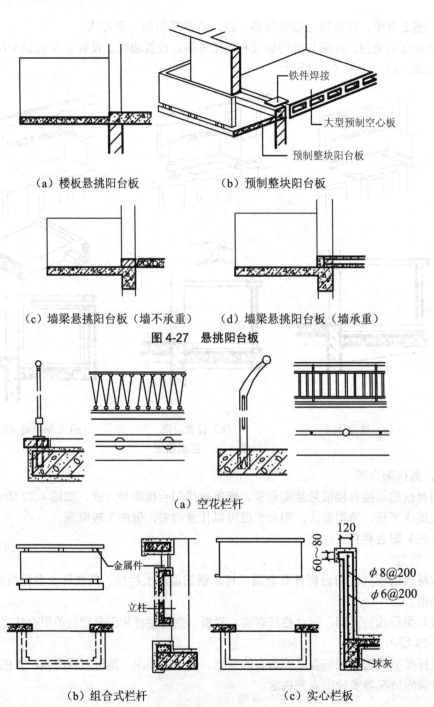

图 4-27 悬挑阳台板

图 4-28 栏杆类型

2. 钢筋混凝土栏杆构造

(1) 栏杆压顶

钢筋混凝土栏杆通常设置钢筋混凝土压顶,并根据立面装修的要求进行饰面处理。

预制钢筋混凝土压顶与下部的连接可采用预埋铁件焊接,如图 4-29（a）所示。也可采用榫接坐浆的方式,即在压顶底面留槽,将栏杆插入槽内,并用 M10 水泥砂浆坐浆填实,以保证连接的牢固性,如图 4-29（b）所示。还可在栏杆上留出钢筋,现浇压顶,如图 4-29（c）所示。这种方式整体性好、坚固,但施工较麻烦。另外,钢筋混凝土栏板顶部也可采用加宽的处理方式,如图 4-29（d）所示。

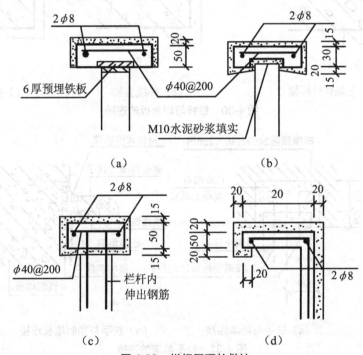

图 4-29 栏杆压顶的做法

(2) 栏杆与阳台板的连接

栏杆与阳台板的连接处常采用 C20 混凝土沿阳台板边现浇挡水带,栏杆与挡水带之间采用预埋铁件焊接,或榫接坐浆,或插筋连接,如图 4-30 所示。当采用钢筋混凝土栏板时,可设置预埋铁件直接与阳台板预埋件焊接。

(3) 扶手与墙的连接

扶手与墙连接的方法是在砌墙时预留 240mm（宽）×180mm（深）×120mm（高）的洞,将扶手或扶手中的钢筋伸入洞内,用 C20 细石混凝土填实,或者在墙板和扶手上预埋铁件焊接,如图4-31所示。

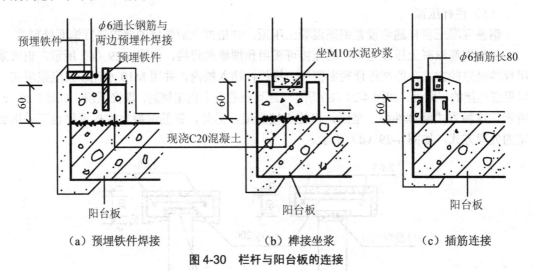

(a) 预埋铁件焊接　　(b) 榫接坐浆　　(c) 插筋连接

图 4-30　栏杆与阳台板的连接

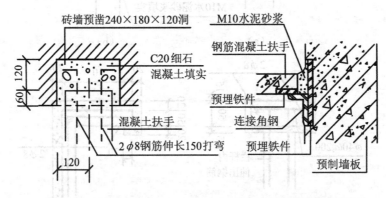

(a) 扶手与砖墙连接　　(b) 扶手与预制墙板连接

图 4-31　扶手与墙的连接

二、雨篷

雨篷的样式很多,根据雨篷板的支承不同分为悬挑板式、墙或柱支承式。其中最简单的是过梁悬挑板式,即悬挑雨篷。悬挑板底面可与过梁底面相平,也可位于梁高的中部或板顶面与梁顶面相平。由于雨篷上荷载不大,悬挑板的厚度较薄。为了满足板面排水的组织和立面造型的需要,板外沿向上翻起,板面需做防水处理,并在靠墙处做泛水处理,如图4-32所示。

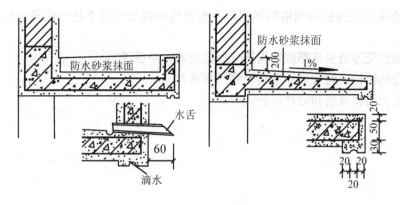

图 4-32 雨篷构造

本 章 小 结

本章主要介绍了楼板层与地坪层的组成、楼板的类型和楼地面的构造以及阳台和雨篷的构造。楼板层是由面层、楼板和顶棚组成的；地坪层是由面层、垫层和基层组成的。楼板层要求具有足够的强度和刚度，满足隔声、防火、热工等方面的要求以及建筑经济的要求。楼板按使用材料的不同，可分为木楼板、压型钢板组合楼板和钢筋混凝土楼板三种类型。根据施工方法的不同，钢筋混凝土楼板又分为现浇钢筋混凝土楼板、预制装配式钢筋混凝土楼板等类型。

楼地面装修是指楼板层和地坪层的面层装修，按其材料和装修做法可分为整体地面、块料地面、塑料地面和木地面四种类型。顶棚同墙面、楼地面一样，是建筑物主要的装修部位之一。顶棚的类型有吊顶和直接顶棚两大类。楼地面变形缝包括温度伸缩缝、沉降缝和防震缝。楼地面变形缝应贯通楼地面各层，其设置的位置和大小应与墙面、屋面变形缝一致。

根据与建筑物外墙的关系，阳台可分为凸阳台、凹阳台和半凹阳台；按在外墙上所处的位置不同，阳台有中间阳台和转角阳台之分。阳台主要由承重结构（梁、板）和栏杆组成。阳台的结构及构造设计应满足安全、坚固、适用、美观的要求。

雨篷板按支承不同分为悬挑板式、墙或柱支承式。雨篷板面需做防水，并在靠墙处做泛水处理。

思 考 与 讨 论

1. 楼板层的设计有哪些要求？

2. 板的排列受到板的规格的限制，当布置房间楼板出现不足一块整板时，需作哪些处理？

3. 楼地面变形缝包括哪些？构造上如何处理？绘图说明。

4. 阳台的结构及构造设计应满足哪些要求？

5. 绘图说明楼板层和地坪层的组成。

第五章 楼　　梯

学习目标

1. 了解楼梯的类型；掌握楼梯的组成和各部分尺度要求。
2. 了解钢筋混凝土楼梯的类型和构造。
3. 了解台阶和坡道的构造要求；了解电梯、扶梯的构造。

导言

建筑物的竖向空间联系主要靠楼梯、电梯、自动扶梯、台阶、坡道等交通设施，其中楼梯是竖向交通和人员紧急疏散的主要设施。本章着重介绍钢筋混凝土楼梯和室外台阶的构造，并对电梯和坡道作简单介绍。

第一节　楼梯的类型与组成

楼梯有不同的分类标准，不同的楼梯其组成部分和尺度要求有所差异。本节将就楼梯的分类、楼梯的组成以及相关标准给予介绍。

一、楼梯的类型

楼梯按其外部形状的不同，可分为单跑楼梯、双跑楼梯、多跑楼梯、双分式和双合式楼梯、交叉跑（剪刀）楼梯、弧形楼梯、螺旋楼梯等类型，如图5-1所示。楼梯按其结构材料的不同，又可分为钢筋混凝土楼梯、木楼梯、钢楼梯等。其中，钢筋混凝土楼梯因其坚固耐久、防火性能好而得到广泛应用。

二、楼梯的组成及尺度

（一）楼梯的组成

楼梯主要由楼梯段、平台、栏杆扶手等部分组成，如图5-2所示。

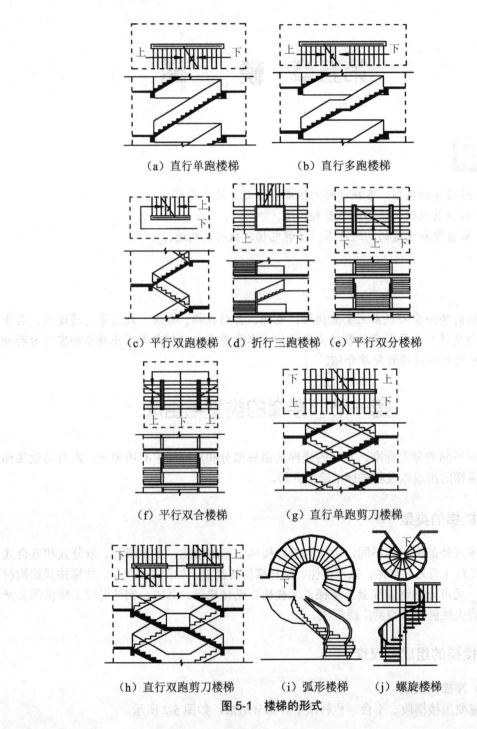

图 5-1 楼梯的形式

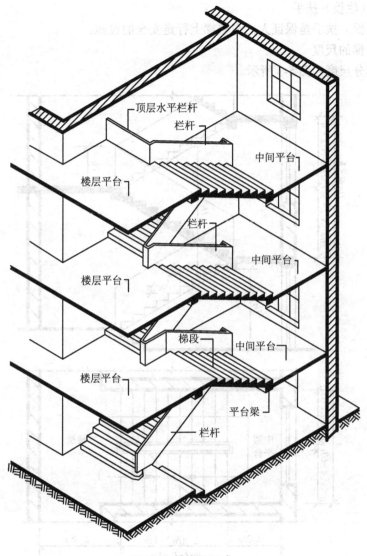

图 5-2 楼梯的组成

1. 楼梯段

楼梯段是联系两个不同标高平台的倾斜构件，由若干个踏步组成。

2. 平台

平台有中间平台和楼层平台之分。中间平台位于两楼层之间，供人们行走时调节体力和改变行进方向；楼层平台与每层的楼地面标高平齐，它除与中间平台有相同作用外，还可将人流分配到各个楼层。

3. 栏杆（栏板）扶手

栏杆（栏板）扶手是保证人们在楼梯上行走安全的设施。

(二) 楼梯的尺度

楼梯各部分尺度如图5-3所示。

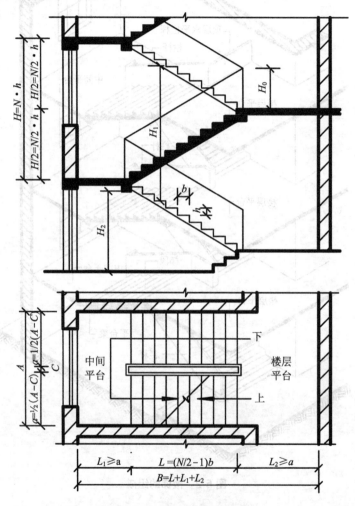

图5-3 楼梯各部分尺度示意图

注：A—楼梯间净宽　　　　　　B—楼梯间净长　　　　　　H—楼层层高
　　N—每层踏步数　　　　　　L—楼梯段长度　　　　　　L_1—中间平台宽度
　　L_2—楼层平台宽度　　　　　C—梯井宽度　　　　　　　a—梯段宽度
　　b—踏面宽度　　　　　　　h—踢面高度　　　　　　　h_0—栏杆扶手高度
　　H_1—梯段之间净空高度　　　H_2—平台下部通道处净空高度

1. 踏步尺度

踏步是人们上下楼梯时脚踏的地方，它由踏面（踏步的水平面）和踢面（踏步的垂直面）组成。踏步尺度即踏面宽度和踢面高度，应根据人行走的舒适、安全要求和楼梯间的尺度、层高等因素综合考虑。

不同建筑物踏步尺度的限值在《民用建筑设计通则》（GB 50352—2005）中有明确规定，如表 5-1 所示。

表 5-1　楼梯踏步尺度的限值

楼 梯 类 别	最小宽度/m	最大高度/m
住宅共用楼梯	0.26	0.175
幼儿园、小学校等楼梯	0.26	0.15
电影院、剧场、体育馆、商场、医院、旅馆和大中学校等楼梯	0.28	0.16
其他建筑楼梯	0.26	0.17
专用疏散楼梯	0.25	0.18
服务楼梯、住宅套内楼梯	0.22	0.20

注：无中柱螺旋楼梯和弧形楼梯内侧扶手中心 0.25m 处的踏步宽度不应小于 0.22m。

2. 梯段尺度

梯段尺度包括梯段的宽度和梯段的长度两个方面。

梯段宽度应根据紧急疏散时要求通过的人流股数的多少来确定。一般按每股人流宽度为 550mm+（0mm～150mm）考虑，并应不少于二股人流。建筑设计规范对各类建筑楼梯的最小净宽进行了限定（如多层住宅楼梯段最小宽度为 1 000mm；室外疏散楼梯最小宽度为 900mm），设计时应符合规范的要求。

梯段长度是指每一梯段的水平投影长度，其值为：(踏步数/2-1)×踏面宽度。

一个楼梯段的踏步数最少为 3 步，最多不应超过 18 步。

3. 平台尺度

平台尺度即中间平台的宽度和楼层平台的宽度。中间平台宽度应大于或等于梯段的宽度和 1 200mm。楼层平台宽度要考虑正常行走和分配人流时人的停留等因素。楼梯间门到踏步前沿的距离应比门扇宽出 400mm～600mm。

4. 梯井宽度

两个楼梯之间的空隙为梯井，其宽度宜为 60mm～200mm，公共建筑的疏散楼梯的梯井净宽不宜小于 150mm。

5. 栏杆扶手高度

栏杆扶手高度是指踏步中心点至扶手顶面的垂直距离，应根据楼梯的坡度和人体重心高度等因素确定。一般梯段栏杆扶手高度为900mm；水平栏杆扶手高度不应小于1 050mm；儿童使用的楼梯需增设栏杆扶手，其高度取500mm～600mm。当楼梯梯段宽度大于1 650mm时，应增设靠墙扶手。当楼梯梯段宽度大于2 200mm时，应增设中间扶手。

6．楼梯净空高度

为了保证人流通行和家具搬运的顺畅，楼梯休息平台上部和下部通道处的净空高度不应小于2 000mm，梯段的净空高度不宜小于2 200mm。

第二节　预制装配式钢筋混凝土楼梯构造

预制装配式钢筋混凝土楼梯是将楼梯分成平台梁、平台板、梯段（板式梯段或梁板式梯段）等小型构件，先在工厂或施工现场进行预制，再在施工现场上安装连接而成的一种楼梯。预制装配式钢筋混凝土楼梯按其构造做法又可分为预制梯段式、预制斜梁式、预制踏步板式。本节以常用的平行双跑楼梯为例，阐述预制装配式钢筋混凝土楼梯的一般构造做法。

一、预制斜梁式钢筋混凝土楼梯

预制斜梁式钢筋混凝土楼梯主要是指将楼梯段的斜梁和踏步板分开预制，平台梁和平台板也分开预制的楼梯。斜梁有锯齿形和矩形两种形式，常用一字形、L形（正、反）和三角形的踏步板。安装的顺序是先放平台梁、后放斜梁、再放踏步板。这种楼梯的构造做法如图5-4所示。

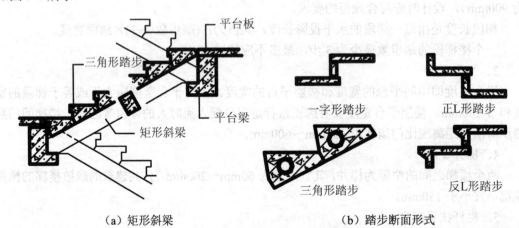

　　（a）矩形斜梁　　　　　　　　　（b）踏步断面形式

图5-4　预制斜梁式钢筋混凝土楼梯

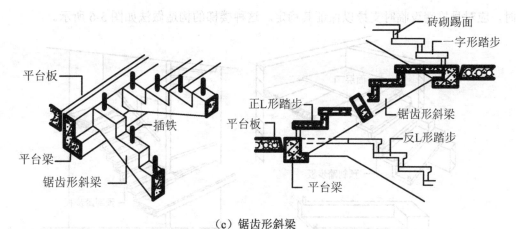

(c)锯齿形斜梁

图 5-4　预制斜梁式钢筋混凝土楼梯（续）

二、预制梯段式钢筋混凝土楼梯

预制梯段式钢筋混凝土楼梯是指将整个楼梯段作为一个预制件，平台板和平台梁可以一起预制，也可以分开预制。对于住宅建筑常采用平台板和平台梁合而为一的预制方式，而对于公共建筑常将平台板和平台梁分开预制。这种楼梯的主要节点构造如图 5-5 所示。

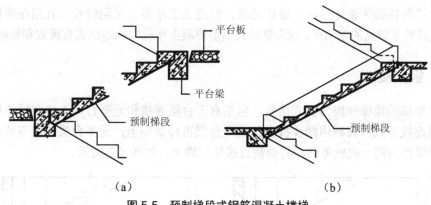

图 5-5　预制梯段式钢筋混凝土楼梯

三、预制踏步板式钢筋混凝土楼梯

预制踏步板式钢筋混凝土楼梯的做法是先预制楼梯段的踏步板，并将踏步板支承在两边的墙上（墙承式），或一端支承在墙上而另一端悬挑（悬挑式）。常用的踏步板有一字形和 L 形。墙承式楼梯可采取随砌墙随安装的施工办法；悬挑式楼梯采取随砌墙随安装的同时，应对悬挑端设临时支撑以保证其稳定。这种楼梯的构造做法如图 5-6 所示。

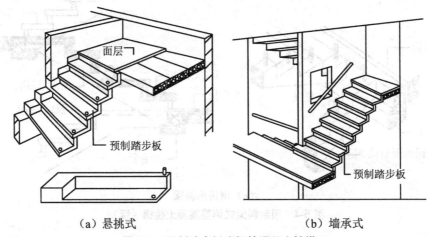

（a）悬挑式　　　　　　　　　　（b）墙承式

图 5-6　预制踏步板式钢筋混凝土楼梯

第三节　现浇整体式钢筋混凝土楼梯构造

现浇整体式钢筋混凝土楼梯是指在施工现场制作（支模、绑钢筋、浇注混凝土）而成的楼梯。这种楼梯的整体性好、设计灵活，但施工工序多、工期较长，宜用在楼梯形式复杂或对抗震要求较高的建筑中。现浇整体式钢筋混凝土楼梯的构造形式有板式和梁板式两种。

一、板式楼梯

板式楼梯的楼梯梯段为板式结构，包括有平台梁连接和无平台梁连接两种连接方式。有平台梁连接方式的荷载由踏步板先传给平台梁再传到墙上；无平台梁连接方式是将平台梁和踏步板作为同一块板考虑，将荷载直接传到墙上，如图 5-7 所示。

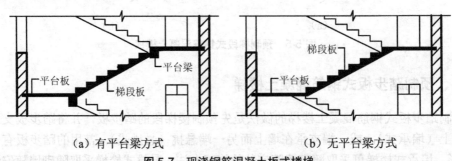

（a）有平台梁方式　　　　　　　　　　（b）无平台梁方式

图 5-7　现浇钢筋混凝土板式楼梯

板式楼梯外形简洁、板底平整、施工方便，但板厚较大，不宜在梯段跨度较大的建筑中使用。

二、梁板式楼梯

梁板式楼梯的楼梯梯段由斜梁和踏步板组成。荷载由踏步板经斜梁传到平台梁，再传到墙上。斜梁一般为两根，可设置在踏步板两侧的下面（构成明步），也可设置在踏步板两侧的上面（构成暗步），如图5-8所示。

这种楼梯用料比较经济，适用于各种跨度的楼梯，但施工支模较板式楼梯复杂，且当斜梁跨度较大时，因截面尺寸大而显得笨重。

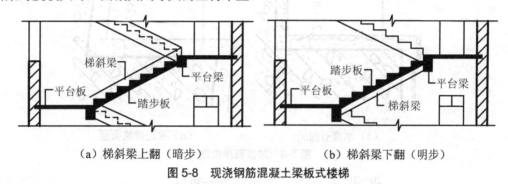

（a）梯斜梁上翻（暗步）　　　　（b）梯斜梁下翻（明步）
图5-8　现浇钢筋混凝土梁板式楼梯

第四节　楼梯的细部构造

楼梯的细部构造即踏步、栏杆（栏板）和扶手等部位的构造。楼梯的细部构造设计是楼梯设计的进一步深化，其设计的质量直接影响楼梯的使用质量与安全，因此设计时必须予以足够的重视。

一、踏步

楼梯踏步面层做法一般与楼地面相同，宜采用耐磨而易清洁的材料，如水泥砂浆面层、水磨石面层或人造石板面层等，如图5-9所示。

当踏步宽度受限制时，为了增加踏步的行走舒适感，可采取踏步出挑的做法，即做成凸缘或斜踢面，如图5-10所示。

在人流较集中的公共建筑中，楼梯踏步表面应做防滑处理，即在踏面上做1～2条防滑条，长度一般比踏步长度每边少150mm。防滑条的具体做法与踏面材料有关，如图5-11所示。

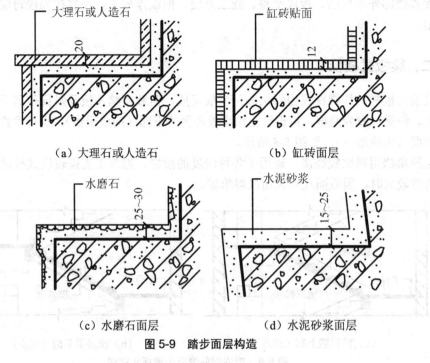

图 5-9 踏步面层构造

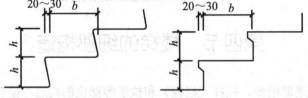

图 5-10 踏步出挑方式

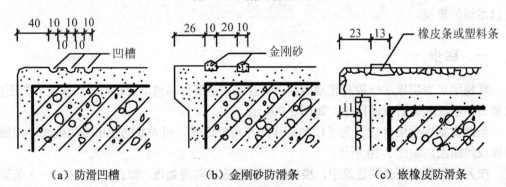

图 5-11 踏步防滑条构造

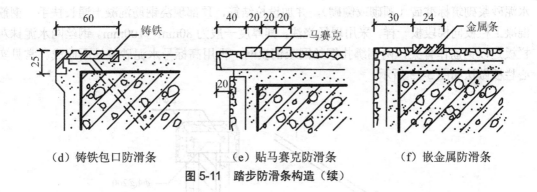

(d) 铸铁包口防滑条　　　(e) 贴马赛克防滑条　　　(f) 嵌金属防滑条

图 5-11　踏步防滑条构造（续）

二、栏杆（栏板）

栏杆（栏板）是保护行人上下楼梯的安全围护设施，其形式有空花栏杆、实心栏板和混合式栏杆等。

（一）空花栏杆

空花栏杆一般采用钢材制作，也有采用木材、铝合金型材和不锈钢材等材料制作的。常用的钢竖杆为实心或空心的圆钢和方钢。实心圆钢断面一般为 $\phi16\sim\phi18$，方钢断面一般为 16mm×16mm～20mm×20mm，连接钢板厚度一般为 4mm～5mm。空花栏杆式样如图 5-12 所示。

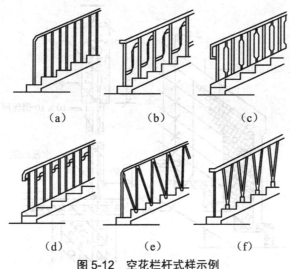

图 5-12　空花栏杆式样示例

（二）实心栏板

实心栏板常采用砖栏板、钢筋混凝土和钢丝网水泥抹灰等材料。砖栏板常采用高标号水泥砂浆砌筑标准砖（顺砌或侧砌），并加设拉结筋，顶部现浇钢筋混凝土通长扶手。钢筋混凝土栏板同梯段板一样，采用现场浇注，其厚度一般为80mm～100mm。钢丝网水泥抹灰栏板是以钢筋作骨架，两侧绑扎钢丝网或钢板网，再用高标号水泥砂浆抹面而成。常见实心栏板做法如图5-13所示。

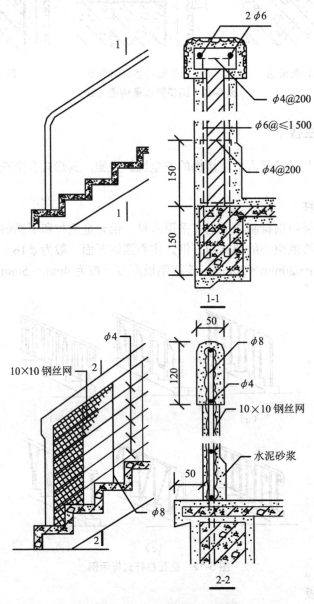

图5-13 实心栏板做法示例

（三）混合式

混合式是空花栏杆和实心栏板的组合形式。栏杆常采用钢材或不锈钢等材料，栏板常采用有机玻璃板、钢化玻璃板、塑料贴面板、铝板和木板等。混合式栏杆做法如图 5-14 所示。

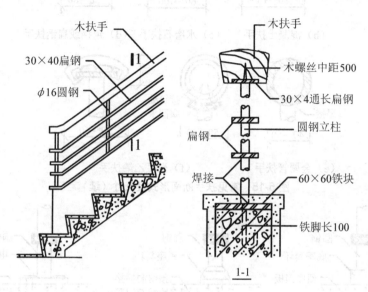

图 5-14 混合式栏杆做法示例

三、扶手

扶手一般用木材、塑料、金属管材（如钢管、铜管、铝合金管、不锈钢管等）等材料制作。

选择扶手的断面形式和尺寸时，应考虑人体尺度、造型及制作等因素。常见的扶手断面形式及尺寸如图 5-15 所示。栏杆与梯段的连接构造如图 5-16 所示。

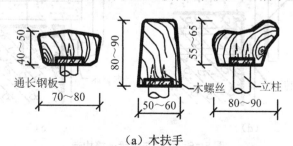

（a）木扶手

图 5-15 常见扶手断面形式及尺寸

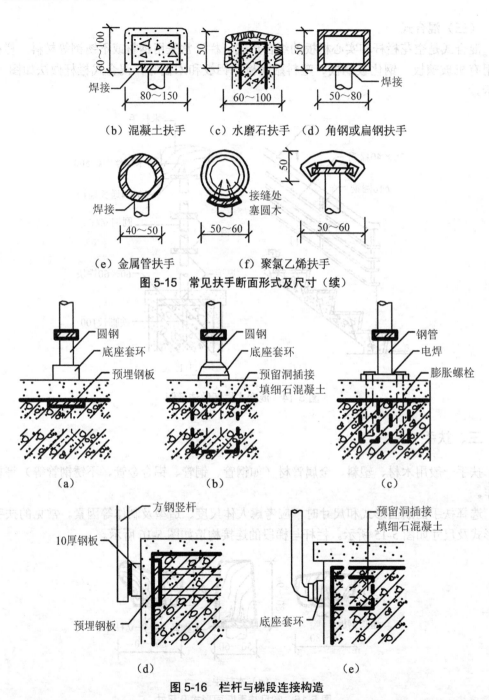

图 5-15 常见扶手断面形式及尺寸（续）

图 5-16 栏杆与梯段连接构造

为了增加美感，底层楼梯的第一个踏步常做特殊处理，如图 5-17 所示。

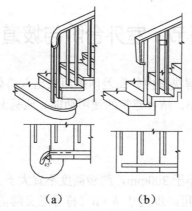

图 5-17 底层第一个踏步处理示例

在楼梯转折处,为了保持栏杆高度一致和扶手的连续,需根据不同情况进行处理,如图 5-18 所示。

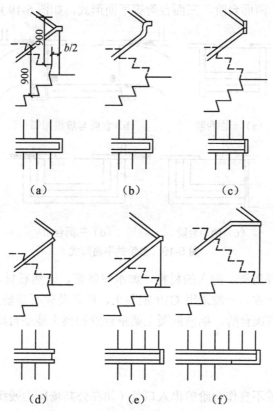

图 5-18 楼梯转折处栏杆扶手的处理

第五节 室外台阶与坡道构造

室外台阶或坡道是为了解决室内外高差问题而在出入口处设置的交通联系部件。它们的设计应根据室内外高差大小，结合建筑的使用功能、地基土质以及建筑造型等因素进行。

一、台阶

室外台阶踏步宽度不宜小于 300mm，踏步高度不宜大于 150mm，并不宜小于 100mm，踏步级数不宜少于 2 级。常用踏步尺寸 $b×h$（符号意义同前述楼梯踏步）为：（300mm～400mm）×（100mm～150mm），高宽比不宜大于 1∶2.5。

在台阶与建筑的出入口之间，常设缓冲平台，其宽度一般不应小于 1 000mm，长度一般比出入洞口每边至少宽出 300mm。

台阶有一面台阶、两面台阶、三面台阶等平面形式，如图 5-19 所示。

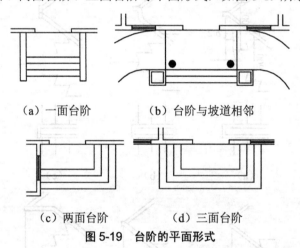

（a）一面台阶　　（b）台阶与坡道相邻

（c）两面台阶　　（d）三面台阶

图 5-19　台阶的平面形式

台阶的面层应选择防滑、耐久的材料，如水泥砂浆、天然石材、防滑地面砖等。台阶的垫层应同地面垫层一致，一般采用 C10 混凝土、碎砖及碎石等垫层。常用台阶的构造做法有：混凝土台阶、石砌台阶、钢筋混凝土架空台阶和换土地基台阶等，如图 5-20 所示。

二、坡道

在车辆经常出入或不宜作台阶的出入口处（如在公共场所为残疾人设置的无障碍坡道、车库出入口、货物出入口以及人流集中的建筑出入口），可用坡道解决室内外高差问题。在人员和车辆同时出入的地方，可将台阶与坡道相邻设置。

一般室内坡道的坡度不宜大于 1∶8，室外坡道的坡度不宜大于 1∶10，无障碍坡道的坡度不应大于 1∶12。常见坡道的构造做法有：混凝土坡道、换土地基坡道、锯齿形坡道和防滑条坡道等，如图 5-21 所示。

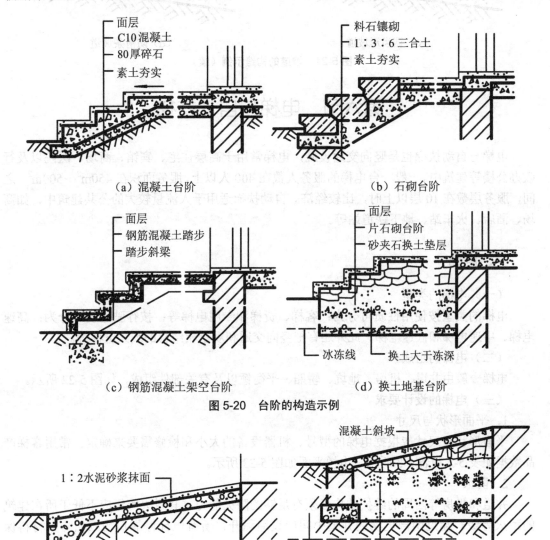

（a）混凝土台阶　　　　　　　　（b）石砌台阶

（c）钢筋混凝土架空台阶　　　　（d）换土地基台阶

图 5-20　台阶的构造示例

（a）混凝土坡道　　　　　　　　（b）换土地基坡道

图 5-21　坡道的构造示例

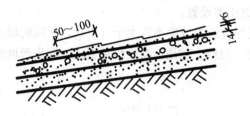 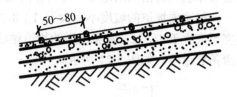

　　　　（c）锯齿形坡道　　　　　　　　　（d）防滑条坡道

图 5-21　坡道的构造示例（续）

第六节　电梯与自动扶梯

　　电梯与自动扶梯也是竖向交通设施，电梯常用于高层住宅、宾馆、商场、医院以及行政办公楼等建筑中。一般一台电梯的服务人数在 400 人以上，服务面积在 $450m^2 \sim 500m^2$ 之间，服务层数在 10 层以上时，比较经济。自动扶梯适用于人流量较大的公共建筑中，如商场、酒店、火车站、地下铁道站等。

一、电梯

（一）电梯的类型

　　电梯的类型按使用性质可分为：客梯、货梯和专用电梯等；按行驶速度可分为：高速电梯、中速电梯和低速电梯。此外还有把竖向交通和观景相结合的观景电梯等。

（二）电梯的组成

　　电梯一般由井道、机房、地坑、轿厢、平衡锤以及有关部件组成，如图 5-22 所示。

（三）电梯的设计要求

1. 平面形状与尺寸

　　平面形状与尺寸应根据电梯的型号、机器设备的大小和检修需要来确定。常用客梯产品数据如表 5-2 和表 5-3 所示，电梯平面如图 5-23 所示。

2. 防火

　　井道和机房等四周的维护结构必须有足够的防火能力，其耐火等级应不低于所在建筑的耐火等级。超过两部电梯的井道中间应设墙隔开，所有电梯停靠口均应加防火材料保护层。

3. 隔声

　　当机房位于井道的上部时，在机房与井道之间应设 1 500mm～1 800mm 的隔声层，并应在机房机座下设弹性垫层隔振。

4．通风

在井道的顶部和中部（高层时）以及地坑等处应设置不小于300mm×600mm的通风孔，上部应设排烟孔。

5．其他

井道和地坑的内壁应平整光滑，无突出物。应根据地坑的深度和地下水位情况，做好防潮或防水处理。地坑底部应设弹簧缓冲器或油压缓冲器，坑壁应设爬梯和检修灯槽。

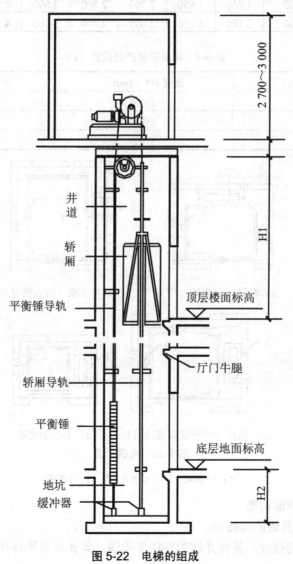

图 5-22　电梯的组成

表 5-2 常用客梯产品数据（1）

额定速度（m/s）	额定起重量（kg）	轿厢（mm）		井道（mm）		机房（mm）		厅门（mm）	
		宽 A	深 B	宽 A1	深 B1	宽 A2	深 B2	M	Mi
1	5 000	1 250	1 450	1 700	1 950	3 000	4 500	7 500	9 000
1、1.5、1.75	7 500	1 750	1 450	2 200	1 950	3 500	4 500	1 000	1 200
1、1.5、1.75	1 000	1 750	1 650	2 200	2 200	3 500	4 500	1 000	1 200
1、1.5	1 500	2 100	1 850	2 600	2 400	3 500	4 500	1 100	1 300

表 5-3 常用客梯产品数据（2）

额定速度（m/s）	顶层 H1（mm）	地坑深 H2（mm）
1	4 600	1 450
1.5	5 300	1 800
1.75	5 500	2 100

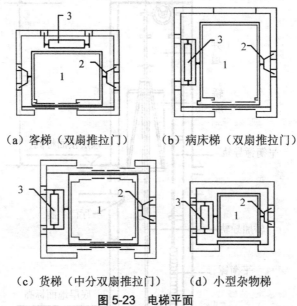

(a) 客梯（双扇推拉门）　　(b) 病床梯（双扇推拉门）

(c) 货梯（中分双扇推拉门）　　(d) 小型杂物梯

图 5-23　电梯平面

注：1—轿箱　2—导轨及支撑架　3—平衡锤

（四）电梯的细部构造

1. 导轨撑架与井道的连接

导轨要有足够的强度，其与井道的连接要牢固，具体可采用焊接或螺栓连接的方式，如图 5-24 所示。

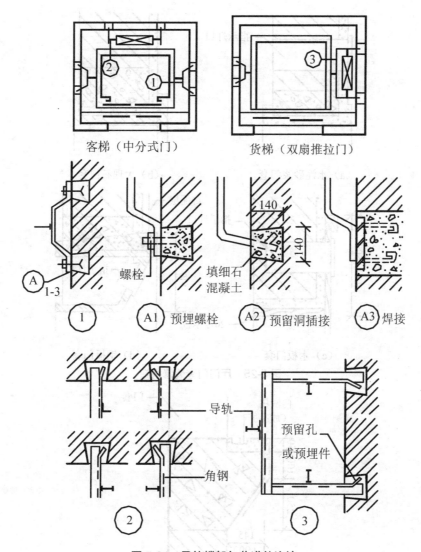

图 5-24 导轨撑架与井道的连接

2. 厅门门套

厅门门套材料可用水泥砂浆、水磨石、木板、大理石、金属板等,其装修构造如图 5-25 所示。

3. 厅门牛腿与滑槽

厅门牛腿在电梯门下缘,其挑出长度应根据电梯型号而定。一般采用现浇钢筋混凝土的制作方式,也可预制。牛腿上的门滑槽为电梯配套产品,厅门牛腿构造如图 5-26 所示。

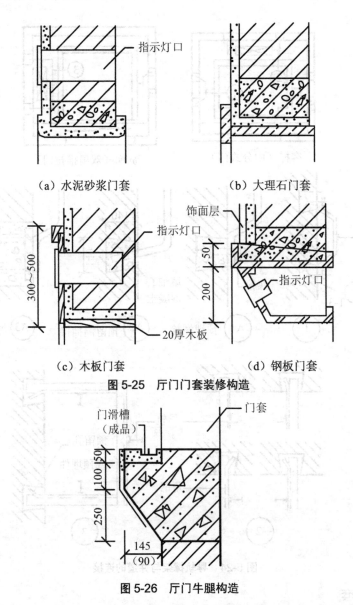

图 5-25　厅门门套装修构造

图 5-26　厅门牛腿构造

二、自动扶梯

自动扶梯平面形式有并联排列、平行排列、串联排列、交叉排列等，如图 5-27 所示。

自动扶梯由电动机械牵引，梯级踏步与扶手同步运行，可正逆运行。自动扶梯传动示意图和基本尺寸如图 5-28 和图 5-29 所示。

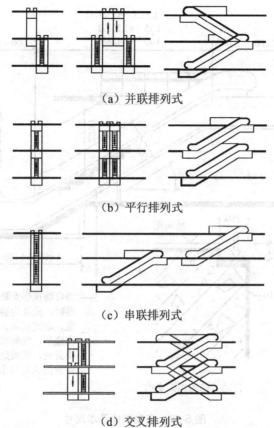

(a) 并联排列式

(b) 平行排列式

(c) 串联排列式

(d) 交叉排列式

图 5-27 自动扶梯平面形式

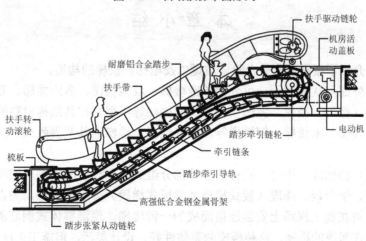

图 5-28 自动扶梯传动示意图

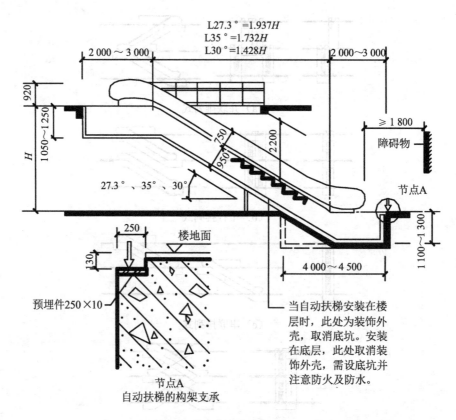

图 5-29 自动扶梯基本尺寸

本 章 小 结

本章主要介绍了楼梯、室外台阶、坡道以及电梯、扶梯的构造。

楼梯按其外部形状的不同，可分为单跑楼梯、双跑楼梯、多跑楼梯、双分式和双合式楼梯、交叉跑（剪刀）楼梯、弧形楼梯、螺旋楼梯等类型。按其结构材料的不同，又可分为钢筋混凝土楼梯、木楼梯、钢楼梯等，钢筋混凝土楼梯因其坚固耐久、防火性能好而得到广泛应用。

楼梯主要由楼梯段、平台、栏杆扶手等部分组成。预制装配式钢筋混凝土楼梯是将楼梯分成平台梁、平台板、梯段（板式梯段或梁板式梯段）等小型构件，先在工厂或施工现场进行预制，再在施工现场上安装连接而成的一种楼梯。现浇整体式钢筋混凝土楼梯是指在施工现场制作而成的楼梯，这种楼梯的整体性好、设计灵活，但施工工序多、工期较长，宜用在楼梯形式复杂或对抗震要求较高的建筑中。现浇整体式钢筋混凝土楼梯的构造形式有板式和梁板式两种。楼梯的细部构造即踏步、栏杆（栏板）和扶手等部位的构造。楼梯的细部构造设计是楼梯设计的进一步深化，其设计的质量直接影响楼梯的使用质量与安全。

室外台阶或坡道是为了解决室内外高差问题而在出入口处设置的交通联系部件。它们的设计应根据室内外高差大小，结合建筑的使用功能、地基土质以及建筑造型等因素进行。

电梯与自动扶梯也是竖向交通设施，电梯常用于高层住宅、宾馆、商场、医院以及行政办公楼等建筑中。电梯一般由井道、机房、地坑、轿厢、平衡锤以及有关部件组成。自动扶梯适用于人流量较大的公共建筑中。

思考与讨论

1. 楼梯按其外部形状的不同，可分为哪些类型？
2. 简单绘制梁板式楼梯的构造图。
3. 预制装配式钢筋混凝土楼梯按其构造做法可分为哪些类型？
4. 现浇整体式钢筋混凝土楼梯的构造形式有哪些？
5. 楼梯踏步表面如何做防滑处理？

第六章 门 和 窗

学习目标

1. 了解门窗的形式和尺度。
2. 了解木门窗构造；了解钢门窗和铝合金门窗的构造。

导言

门和窗是房屋的重要组成部分。门主要起交通联系的作用，窗主要起采光和通风的作用，它们均属房屋的围护构件。门窗按所用的材料可分为木门窗、钢门窗、铝合金门窗、塑料门窗等类型。本章主要介绍门窗的形式、尺度，以及木门窗、钢门窗、铝合金门窗、塑料门窗的构造。

第一节 门窗的形式与尺度

门窗的形式主要取决于门窗的开启方式。不论其材料如何，只要开启方式相同，其形式也就大致相同。本节主要以木门窗为例说明门窗的形式与尺度。

一、门的形式与尺度

（一）门的形式

门按其开启方式通常可分为普通平开门、弹簧门、推拉门、折叠门、旋转门等，如图 6-1 所示。

1. 普通平开门

平开门是水平开启的门，它的铰链装于门扇的侧面与门框相连，如图 6-1（a）所示。其门扇有单扇、双扇和内开、外开之分。平开门构造简单、开启灵活、加工制作简便、易于维修，是建筑物中最常见的门。

2. 弹簧门

弹簧门的开启方式与普通平开门相同（即内开启或外开启），如图6-1（b）所示。不同之处是以弹簧铰链代替了普通铰链，可使门自动关闭。其弹簧铰链有单面弹簧、双面弹簧和地弹簧等形式。弹簧门具有使用方便、美观大方的优点，常用于商店、学校、医院、办公和商业大厦等门开启频繁的房屋建筑中。为避免人流相撞，常采用局部镶嵌玻璃的门扇。

3. 推拉门

推拉门开启时门扇沿轨道滑行，开启后门扇可隐藏于墙内也可悬于墙外，如图6-1（c）所示。门扇常为单扇或双扇，也可做成双轨多扇或多轨多扇。

根据轨道的位置，推拉门可分为上挂式和下滑式。当门扇高度小于4m时，一般采用上挂式推拉门，即在门扇的上部装置滑轮，并将滑轮吊在门过梁的预埋轨道下；当门扇高度大于4m时，一般采用下滑式推拉门，即在门扇下部装滑轮，将滑轮置于地面的预埋轨道上。

推拉门开启时不占空间，受力合理，不易变形，但难以关闭严密，且构造比较复杂。在民用建筑中，常用轻便推拉门分隔内部空间。

4. 折叠门

折叠门一般由多个门扇构成，每扇门宽度一般不大于600mm，如图6-1（d）所示。折叠门有侧挂式折叠门和推拉式折叠门两种。侧挂式折叠门与普通平开门相似，只是多扇门之间用铰链相连而成。推拉式折叠门与推拉门构造相似，在门扇的顶部或底部装滑轮及导向装置，相邻两扇门之间连以铰链，开启时门扇通过滑轮沿着导向装置移动，并相互折叠在一起。

折叠门适用于宽度较大的门洞，开启时占空间少，但构造较复杂，一般用作商业建筑的门，或在公共建筑中作灵活分隔空间之用。

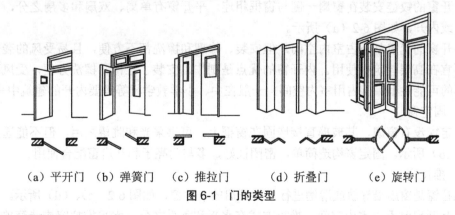

(a) 平开门　(b) 弹簧门　(c) 推拉门　(d) 折叠门　(e) 旋转门

图6-1　门的类型

5. 旋转门

旋转门由两个固定的弧形门套和垂直旋转的门扇构成，门扇一般为三扇或四扇，围绕竖轴旋转，如图 6-1（e）所示。旋转门对隔绝室内外气流有一定作用，可作为寒冷地区公共建筑的外门，但不能作为疏散门，因此常在转门两旁另设疏散用门。旋转门构造复杂，造价高，不宜大量采用。

（二）门的尺度

门的尺度通常是指门洞的高宽尺寸，其大小主要取决于人的通行要求、家具器械的搬运要求及它与建筑物的比例关系等因素，同时也要符合现行的《建筑模数协调统一标准》中的规定。

民用建筑的门高度一般不宜小于 2 100mm。若门上设有亮子，则门洞高度为门扇高和亮子高之和，再加上门框及门框与墙间的缝隙尺寸，所以门洞高度一般为 2 400mm～3 300mm。公共建筑的大门高度可视需要适当提高。

单扇门的宽度一般为 800mm～1 000mm，双扇门的宽度一般为 1 200mm～1 800mm。宽度在 2 100mm 以上时，则应做成三扇、四扇门或双扇带固定扇的门。辅助房间（如浴厕、储藏室等）门的宽度一般为 600mm～800mm。

对于一般民用建筑的门（木门、铝合金门、钢门、塑料门），各地均有通用图集，设计时可按需要直接选用。

二、窗的形式与尺度

（一）窗的形式

窗按开启方式有平开窗、固定窗、推拉窗、旋转窗、百叶窗等形式，如图 6-2 所示。

1. 平开窗

平开窗的铰链安装在窗扇一侧与窗框相连。平开窗有单扇、双扇和多扇之分，可以水平外开或内开，如图 6-2（a）所示。

外开窗的优点是不占室内空间，但安装、修理和擦洗都不方便，且易受风的袭击而损坏，不宜在高层建筑中使用。内开窗的优点是制作、安装、维修、擦洗方便，受风雨侵袭被损坏的可能性小，但占用室内空间，一般在中、小学教学楼等需要内开的建筑中采用。

2. 固定窗

固定窗没有窗扇，其玻璃直接嵌固在窗框上，可供采光和眺望之用，但不能通风，如图 6-2（b）所示。固定窗构造简单，密闭性好，多与门亮子和开启窗配合使用。

3. 推拉窗

推拉窗是窗扇沿导轨或滑槽进行推拉开启的一种窗，如图 6-2（c）、（d）所示。这种窗的优点是开启时不占室内空间。推拉方式有水平和垂直之分。水平推拉窗构造简单，是常用的形式，而垂直推拉窗由于构造复杂，采用较少。

4. 旋转窗

旋转窗是窗扇绕某一轴旋转的窗，如图 6-2（e）、（f）、（g）、（h）所示。旋转窗根据铰链和转轴位置的不同，可分为上悬窗、中悬窗、下悬窗和立旋窗。

- 上悬窗铰链安装在窗扇的上边，一般向外开，防雨性能好，多用作外窗和门上的亮子。
- 中悬窗是窗扇绕两边中部水平轴旋转的窗。中悬窗开启时窗扇上部向内，下部向外，对挡雨、通风皆有利，且易于采用机械化操作，故常用作大空间建筑的高侧窗。
- 下悬窗铰链安装在窗扇的下边，一般向内开，通风较好，但不防雨，不能用作外窗，一般用作内门上的亮子。
- 立旋窗是窗扇绕上下中部垂直轴旋转的窗。立旋窗开启方便，可根据风向调整窗扇开启的方向，利于通风，但防雨和密闭性较差且构造复杂。

5. 百叶窗

百叶窗是一种主要为通风而设置的窗，它由斜放的木片或金属片组成，如图 6-2（i）所示。这种窗多用于有特殊要求的部位。

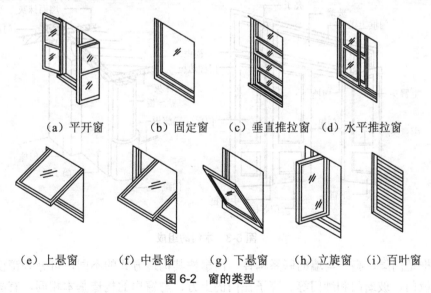

(a) 平开窗　(b) 固定窗　(c) 垂直推拉窗　(d) 水平推拉窗

(e) 上悬窗　(f) 中悬窗　(g) 下悬窗　(h) 立旋窗　(i) 百叶窗

图 6-2　窗的类型

（二）窗的尺度

窗的尺度主要取决于房间的采光、通风要求，同时要考虑其构造做法和建筑造型，并要符合现行《建筑模数协调统一标准》中的规定。通常平开窗扇高度为 800mm～1 200mm，宽度不宜大于 600mm；推拉窗高宽均不宜大于 1 500mm；上下悬窗的窗扇高度为 300mm～

600mm，中悬窗窗扇高不宜大于 1 200mm，它们的宽度都不宜大于 1 000mm。对于一般民用建筑用窗，各地均有通用图集，通常各类窗洞口的标志尺寸采用扩大模数 3M 数列，可按所需类型及尺度大小直接选用。

第二节　木门窗构造

木门窗是以木材为主要原料，通过下料、刨光、钉铆、油漆等工序加工制作而成。木门窗是最早的门窗形式，虽然近几年出现了钢门窗、塑料门窗、铝合金门窗等，但木门窗还没有完全被取代。钢门窗、塑料门窗、铝合金门窗的构造原理与木门窗的构造原理相同，因此本节主要介绍几种常见的木门窗构造。

一、平开门的构造

门一般由门框、门扇、亮子、五金零件及附件组成，如图 6-3 所示。

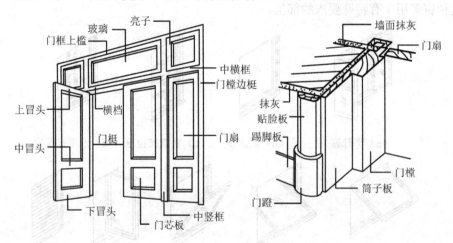

图 6-3　木门的组成

门框是门扇、亮子与墙的联系构件。门扇按其构造方式的不同，可分为镶板门、夹板门、拼板门、玻璃门和纱门等。亮子在门的上方，与窗扇的构造基本相同，有固定和可开启两种形式，开启方式多为上悬、下悬或中悬。五金零件一般有铰链、插销、门锁、拉手、门碰头等。附件有门蹬、筒子板、贴脸板等。

（一）门框

门框又称门樘，一般由两根竖直的边框和一根上框组成。带亮子的门有中横框。多扇门还有中竖框。

1. 门框的断面形式与尺寸

门框的断面形式与尺寸主要根据接榫的牢固性确定，还要考虑门的类型、制作时的刨光损耗。通常门框的毛料尺寸应比净料尺寸略大一些，单面刨光加 3mm，双面刨光加 5mm。门框的断面形式与净尺寸如图 6-4 所示。

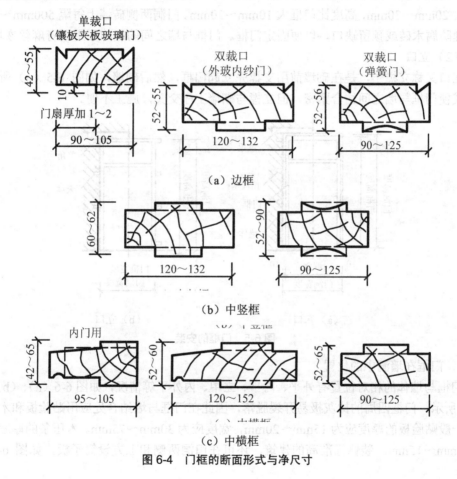

图 6-4 门框的断面形式与净尺寸

为了使门框与门扇之间开启方便，并具有一定的密闭性，门框上要留有裁口。裁口断面的形式应根据门扇数和开启方式来确定，通常有单裁口和双裁口两种形式。单裁口主要用于单层门，双裁口主要用于双层门和弹簧门。裁口宽度要比门扇厚度大 1mm～2mm，裁口深度一般为 8mm～10mm。

门框靠墙一面常开 1 道或 2 道背槽，以免门框由于受潮或干缩而出现翘曲变形。背槽的形状可为矩形、三角形或梯形，深度一般为 8mm～10mm，宽度一般为 12mm～20mm。

2. 门框的安装

根据施工方法的不同，门框的安装可分为后塞口和先立口两种方式。

(1) 塞口

塞口又称塞樘子，是在砌墙时预留出洞口，以后再安装门框。这样安装门框与砌墙工序互不交叉干扰，是常用的施工方式，如图6-5（a）所示。采用此法时，洞口的宽度应比门框大20mm～30mm，高度比门框大10mm～20mm。门洞两侧砖墙上每隔500mm～600mm应预埋防腐木砖或预留缺口，以便固定门框。门框与墙之间的缝隙要用沥青麻丝嵌填。

(2) 立口

立口又称立樘子，是在砌墙前用支撑先立起门框，然后砌墙，如图6-5（b）所示。此种方式使门框与墙之间结合紧密，但立樘与砌墙工序交叉，施工不便。

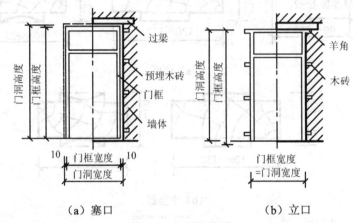

图 6-5 门框的安装

3. 门框在墙洞中的位置

门框与墙体的相对位置有外平、内平、立中、内外平等情况，如图6-6（a）、（b）、（c）、（d）所示。门框四周的抹灰极易开裂脱落，因此在门框与墙结合处应用贴脸板和木压条盖缝。一般贴脸板的厚度应为15mm～20mm，宽度应为30mm～75mm。木压条的厚度与宽度为10mm～15mm。装修标准高的建筑，还可在门洞两侧和上方设筒子板，如图6-6（a）所示。

(二) 门扇

常用的木门扇有镶板门和夹板门。

1. 镶板门

镶板门扇由边梃、上冒头、中冒头和下冒头组成骨架，内装门芯板而成，如图6-7所示。镶板门构造简单，加工制作方便，内、外门皆可使用，是目前民用建筑中广泛使用的一种门。

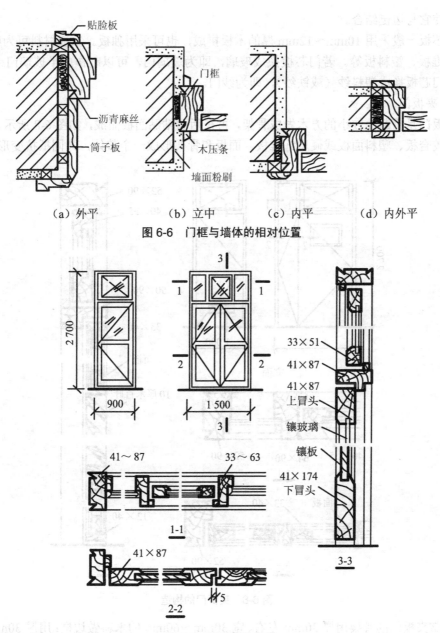

图6-6 门框与墙体的相对位置

图6-7 镶板门的构造

通常镶板门扇边梃的断面尺寸与上、中冒头的基本相同，厚度为40mm～45mm，宽度为100mm～120mm。为了减少门扇的变形，下冒头的宽度一般加大至160mm～250mm，并用双榫使它与边梃结合。

门芯板一般采用 10mm～12mm 厚的木板拼成，也可采用独板。独板材料可为胶合板、硬质纤维板、塑料板等。若门芯板换成玻璃，即为玻璃门，可以制作成半玻璃门或全玻璃门。若门芯板换成塑料纱（或铁纱），即为纱门。

2．夹板门

夹板门是用断面较小的方木做成骨架，再在两面粘贴面板而成，如图 6-8 所示。门扇面板可用胶合板、塑料面板或硬质纤维板。面板和骨架形成一个整体，共同抵抗变形。

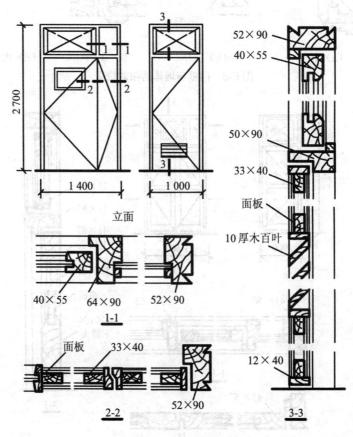

图 6-8　夹板门的构造

通常夹板门的骨架用厚 30mm 左右、宽 30mm～60mm 的木料做边框；用厚 30mm 左右、宽 10mm～25mm 的木条做中间的肋条，肋条可以是单向排列、双向排列或密肋排列，间距一般为 200mm～400mm。安门锁处需另加上锁木。在骨架上需设通气孔，以便使门扇内通风，保持干燥。

夹板门的形式可以是全夹板门、带玻璃夹板门或带百叶夹板门。夹板门构造简单，用料少，自重轻，外形简洁，便于工业化生产，故常用作民用建筑中的内门。

二、平开窗的构造

平开窗是由窗框、窗扇、五金及附件（窗帘盒、窗台板、贴脸板）等组成的，如图6-9所示。

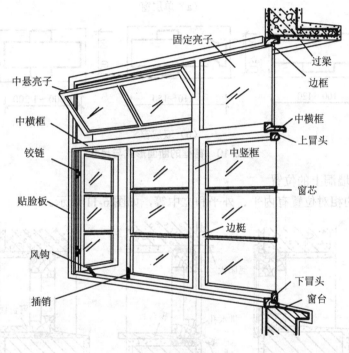

图 6-9 窗的组成

（一）窗框

窗框由边框、上框、下框、中横框、中竖框等构成。窗框与门框一样，在构造上应有裁口及背槽处理。裁口亦有单裁口与双裁口之分。窗框的断面形式与尺寸如图6-10所示。

1. 窗框断面尺寸的确定

窗框断面尺寸的确定应考虑接榫的牢固性。一般单层窗的窗框断面厚为40mm～60mm，宽70mm～95mm（净尺寸），中横框和中竖框两面均应有裁口。当横框设有披水时，其断面尺寸应相应增大。双层窗窗框的断面宽度应比单层窗多20mm～30mm。

2. 窗框的安装

与门框一样，窗框的安装也分后塞口与先立口两种。塞口时洞口的高、宽尺寸应比窗框尺寸大 10mm～20mm。

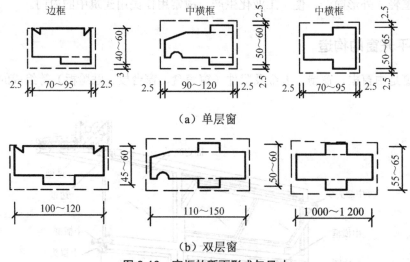

图 6-10 窗框的断面形式与尺寸

3. 窗框在墙洞上的位置

窗框与墙的相对位置有内平、外平和立中等，如图 6-11 所示。

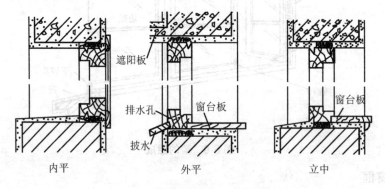

图 6-11 窗框在墙洞上的位置

若窗框与墙内表面相平，则安装时窗框应突出砖面 20mm，以便墙面粉刷后与抹灰面相平。窗框与抹灰面交接处，应用贴脸板搭盖。窗的贴脸板的形状及尺寸与门的贴脸板相同。若窗框立于墙中，则在窗框两侧应设内、外窗台。若窗框与墙外表面相平，则在靠室内一侧应设窗台板。窗台板可用木板、预制水磨石板和大理石板等。

（二）窗扇

窗扇由上冒头、下冒头、边梃、窗芯和玻璃等构成。

1. 断面形状与尺寸

窗扇的上下冒头、边梃和窗芯均应设有裁口,以便安装玻璃或窗纱。裁口深度约为10mm,一般设在外侧。玻璃窗的边梃及上冒头,断面厚35mm～42mm,宽50mm～60mm,下冒头由于要承受窗扇重量,可适当加大。窗扇的构造如图6-12所示。

2. 玻璃的选择与安装

建筑用玻璃按其性能可分为普通平板玻璃、磨砂玻璃、压花玻璃、吸热玻璃、反射玻璃、中空玻璃、钢化玻璃和夹层玻璃等。平板玻璃制作工艺简单,价格最便宜,因此在民用建筑中得到广泛应用。磨砂玻璃或压花玻璃常用于有遮挡视线要求的房间中。对于有特殊要求的建筑可选用其他几种玻璃。

玻璃的安装,一般应先用小钉将玻璃卡住,再用油灰或木压条嵌固,如图6-12所示。木压条嵌固的窗扇,容易透风和渗雨,一般宜用于室内。

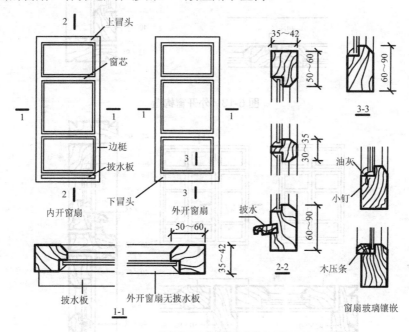

图 6-12 窗扇的构造

(三)窗用五金零件

常用的平开窗五金零件有铰链、插销、风钩、拉手等,其品种、规格很多,应根据窗的大小、尺寸以及装修标准选用。

(四)常用平开窗的构造

常用平开窗的构造如图6-13、图6-14、图6-15所示。

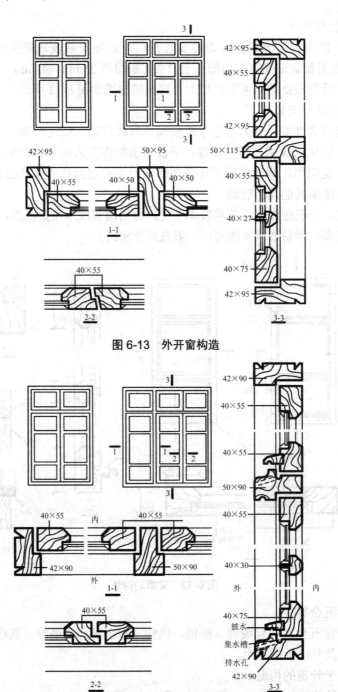

图 6-13　外开窗构造

图 6-14　内开窗构造

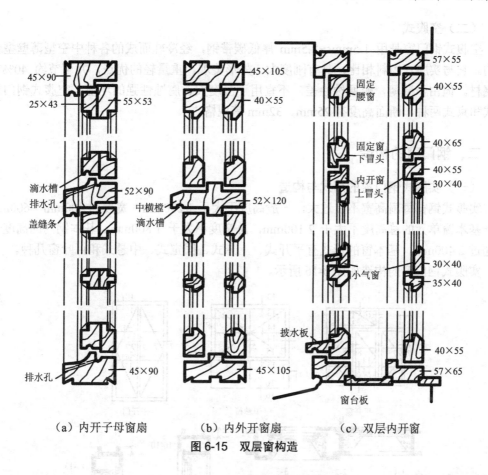

（a）内开子母窗扇　　（b）内外开窗扇　　（c）双层内开窗

图 6-15　双层窗构造

第三节　钢门窗构造

钢门窗是用实腹型钢或薄壁空腹型钢在工厂制作、然后现场安装而成的，在强度、刚度、防火、采光等性能方面均优于木门窗，且窗料断面小，外形简洁美观，缺点是在潮湿环境下易锈蚀，耐久性差，且关闭不严、空隙大，现在新建筑中已基本不用。

一、钢门窗的类型

（一）实腹式

实腹式钢门窗是最常用的一种形式，它有各种断面形状和规格。一般门可选用 32mm 及 40mm（断面高度）料，窗可选用 25mm 及 32mm 料。

(二)空腹式

空腹式钢门窗是用 1.5mm～2.5mm 厚低碳带钢,经冷轧而成的各种中空型薄壁型钢制作的。它与实腹式窗料相比,具有刚度大、外形美观、重量轻的优点,并可节约 40%左右的钢材。但由于壁薄,耐腐蚀性差,不宜用于湿度大、腐蚀性强的环境。空腹式钢门窗分沪式和京式两种,断面高度有 25mm、32mm 等规格。

二、钢门窗的构造

(一)实腹式钢门窗的形式与构造

实腹式钢窗每扇高宽不宜过大,一般高度不大于 1 200mm,宽度为 400mm～600mm。每一基本窗单元的总高度不大于 2 100mm,总宽度不大于 1 800mm。基本钢门的高度一般不超过 2 400mm。基本窗的形式有平开式、上悬式、固定式、中悬式和百叶窗几种。

实腹式钢门窗的构造如图 6-16 所示。

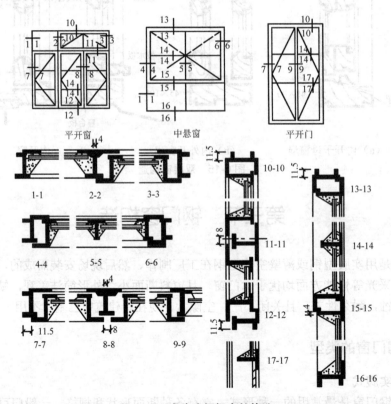

图 6-16 实腹式钢门窗的构造

实腹式钢门的形式主要为平开门,一般分单扇门和双扇门。单扇门宽 900mm,双扇门宽1 500mm或1 800mm，高度一般为2 100mm或2 400mm。钢门扇可以按需要做成半截玻璃门，下部为钢板，上部为玻璃，也可以全部为钢板。钢板厚度为1mm～2mm。

钢门窗的安装均采用塞口方式。门窗每边的尺寸必须比洞口尺寸小15mm～30mm，具体应视洞口处墙面饰面材料的厚薄而定。门窗框四周带固定的燕尾铁脚（每隔500mm～700mm一个，最外一个距框角180mm），安装时将其伸入墙上的预留孔内，用水泥砂浆锚固或将铁脚与墙上预埋件焊接，如图6-17所示。

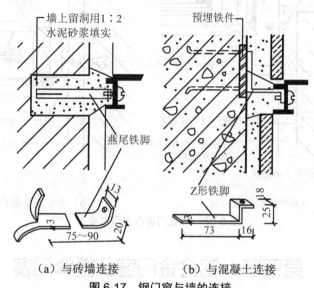

图6-17　钢门窗与墙的连接

（二）空腹式钢门窗的形式与构造

空腹式钢门窗的形式及构造原理与实腹式钢门窗一样，只是空腹式窗料的刚度更大，因此窗扇尺寸可以适当加大。

三、彩板门窗

彩板门窗是以热镀锌或合金化的钢板为基料，经过表面处理涂上有机涂料，形成彩板，再经机械加工而成的门窗。它具有重量轻、硬度高、采光面积大、防尘、隔声、保温、密封性和耐腐蚀性好、造型美观、色彩绚丽等优点。

彩板门窗断面形式复杂，种类较多，通常在出厂前就已将玻璃装好，在施工现场直接进行成品安装。

彩板门窗目前有两种类型，即带副框的和不带副框的。当外墙面为花岗石、大理石等贴面材料时，常采用带副框的门窗。安装时，先用自攻螺钉将连接件固定在副框上，并用密封胶将洞口与副框及副框与窗樘之间的缝隙进行密封，如图6-18（a）所示。当外墙装修为抹灰粉刷时，常用不带副框的做法，即直接用膨胀螺钉将门窗樘子固定在墙上，如图6-18（b）所示。

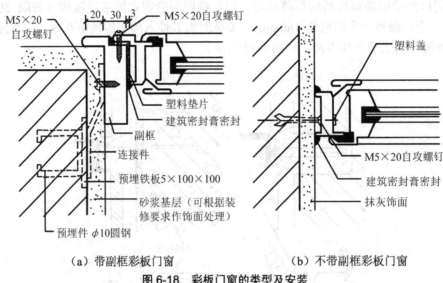

（a）带副框彩板门窗　　　　　（b）不带副框彩板门窗

图 6-18　彩板门窗的类型及安装

第四节　铝合金门窗及塑料门窗

随着建筑业的发展，木门窗、钢门窗已不能满足现代建筑对门窗的要求，而铝合金门窗、塑料门窗因其用料省、重量轻、密闭性好、耐腐蚀、坚固耐用、色泽美观、维修费用低而得到了广泛的应用。

一、铝合金门窗

（一）铝合金门窗框料

通常以门窗框料厚度的构造尺寸来给铝合金门窗命名。例如，若平开门框厚度的构造尺寸为50mm，则称其为50系列铝合金平开门；若推拉窗框厚度的构造尺寸为90mm，则称其为90系列铝合金推拉窗等。

铝合金门窗设计时通常采用定型产品，应根据不同地区、不同气候、不同环境、不同建筑物的不同使用要求，选用不同的门窗框料系列。

（二）铝合金门窗安装

铝合金门窗常采用塞口安装方式，即将门窗框在抹灰前立于门窗洞处，与墙内预埋件对正，然后用木楔将三边固定。经检验确定门窗框水平、垂直、无翘曲后，用连接件将铝合金框固定在墙（柱、梁）上。连接件的固定可采用焊接、膨胀螺栓或射钉等方法。门窗框固定好后，其与门窗洞四周的缝隙一般采用软质保温材料（如泡沫塑料条、泡沫聚氨酯条、矿棉毡条和玻璃丝毡条等）填塞，分层填实，外表留 5mm～8mm 深的槽口用密封膏密封。

铝合金门窗装入洞口时，应"横平竖直"，外框与洞口应弹性连接牢固，不得将门、窗外框直接埋入墙体，防止碱对门窗框的腐蚀。门窗框与墙体等的连接固定点，每边不得少于二点，且间距不得大于 0.7m，在基本风压大于等于 0.7kPa 的地区，不得大于 0.5m；边框端部的第一个固定点距端部的距离不得大于 0.2m。

铝合金门窗安装节点，如图 6-19 所示。

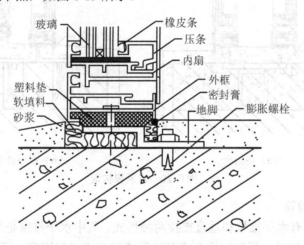

图 6-19 铝合金门窗安装节点

（三）常用铝合金门窗构造

1. 铝合金平开窗

铝合金平开窗分为合页平开窗、滑轴平开窗和隐框平开窗。

（1）合页平开窗

合页平开窗将合页装于窗扇侧面。开启后，应用撑挡固定，撑挡有外开启上撑挡和内开启下撑挡。平开窗关闭后应用执手固定。

玻璃镶嵌可采用干式装配、湿式装配或混合装配。所谓干式装配是将密封条嵌入玻璃与槽壁的空隙，将玻璃固定。湿式装配是在玻璃与槽壁的空腔内注入密封胶，密封胶固化后将玻璃固定，并将缝隙密封起来。湿式装配的水密、气密性能优于干式装配，而且当使用的密封胶为硅酮密封胶时，其寿命远较密封条长。混合装配是在一侧空腔内嵌密封条，在另一侧空腔内注入密封胶，填缝密封固定。

（2）滑轴平开窗

滑轴平开窗是在窗扇上下装有滑轴（撑），沿边框开启。滑轴平开窗与合页平开窗开启撑挡不同，在玻璃镶嵌上二者相同。

（3）隐框平开窗

隐框平开窗的玻璃不用镶嵌夹持，而用密封胶固定在扇梃的外表面。由于所有框梃全部在玻璃后面，从窗外看只看到玻璃，从而达到隐框的效果。

在寒冷地区或有特殊要求的房间，还采用双层窗。常用的双层窗开启有内层窗内开、外层窗外开和双层均外开方式，如图6-20所示。

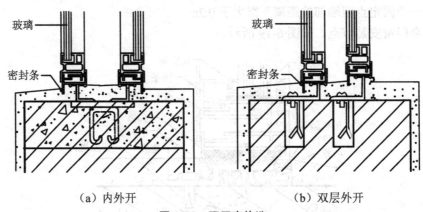

（a）内外开　　　　　　　　　（b）双层外开

图6-20　双层窗构造

2．铝合金推拉窗

铝合金推拉窗有水平推拉和垂直推拉两种形式，其中水平推窗是采用较多的一种形式。

推拉窗可用拼樘料（杆件）组合成其他形式的窗或者门连窗，还可装配各种形式的内外纱窗。推拉窗需在下框或中横框两端铣切100mm，或者在中间开设其他形式的排水孔，使雨水及时排出。

常用的推拉窗料有90系列、70系列、60系列、55系列等。其中90系列是目前广泛采用的品种。

55系列属半压式半推拉窗（单滑轨），它又分为Ⅰ型和Ⅱ型，如图6-21所示。Ⅰ型下滑道为单壁，Ⅱ型下滑道的双层壁中间空腔为集水腔，使滑道中的水下泄到集水腔内。

70带纱系列，其主要构造与90系列相仿，只不过将框厚由90mm改为70mm，并加上纱扇滑轨，如图6-22所示。

铝合金推拉窗外形美观、采光面积大、开启不占空间、防水及隔声效果均较好，并具有很好的气密性和水密性，广泛用于宾馆、住宅、办公、医疗建筑中。

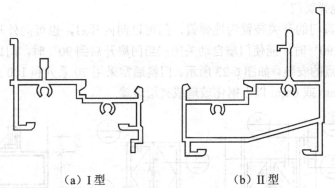

(a) I 型 (b) II 型

图 6-21　铝合金推拉窗（55 系列）型材示例

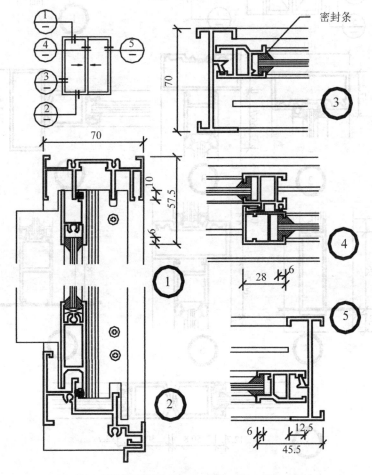

图 6-22　铝合金推拉窗（70 系列）构造示例

3. 铝合金地弹簧门

铝合金地弹簧门的开关装置为地弹簧，门可以向内开启，也可向外开启。当门扇向内或向外开启不到 90° 时，能使门扇自动关闭；当门扇开启到 90° 时，门扇可固定不动。铝合金地弹簧门节点的安装，如图 6-23 所示。门料通常采用 70 系列和 100 系列的铝合金。门扇玻璃应采用 6mm 或 6mm 以上钢化玻璃或夹层玻璃。

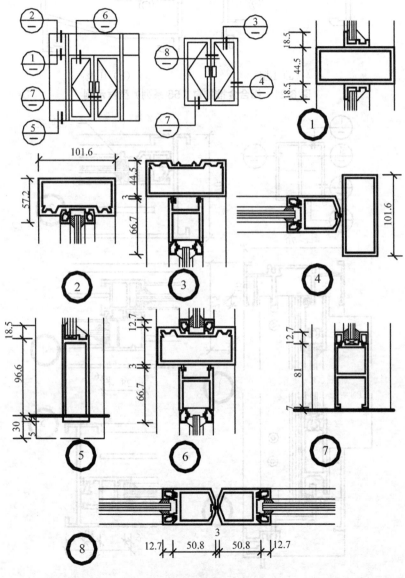

图 6-23 铝合金地弹簧门安装节点

二、塑料门窗与塑钢门窗

塑料门窗以聚氯乙烯、改性聚氯乙烯或其他树脂为主要原料,以轻质碳酸钙为填料,加适量添加剂,经挤压机挤成各种截面的空腹异型材,再根据不同品种规格的门窗,选用不同截面异型材料组装而成。由于塑料的变形大、刚度差,一般在型材内腔加入钢或铝等衬料,以增加其抗弯能力,形成所谓的塑钢门窗。

塑料门窗和塑钢门窗线条清晰、挺拔,造型美观,表面光洁细腻,隔热、隔声和密封性均较好。同时,塑料本身具有耐腐蚀等功能,不用涂防腐涂料,可节约施工时间及费用,且其老化和变形等问题也已基本解决。因此,在目前建筑中得到大量应用。塑钢门窗安装节点,如图 6-24 所示,塑钢门窗的构造示例如图 6-25 所示。

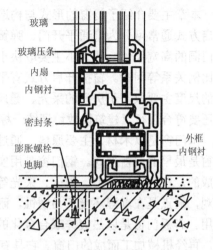

图 6-24　塑钢门窗安装节点

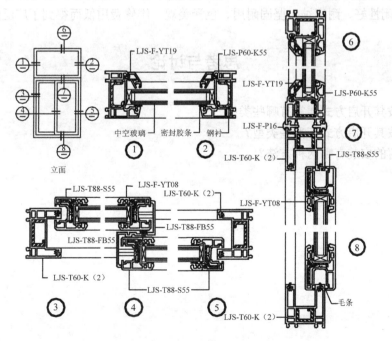

图 6-25　塑钢门窗构造示例

本 章 小 结

本章主要介绍了门窗的形式与构造。门窗的形式主要取决于门窗的开启方式。门按其开启方式通常可分为普通平开门、弹簧门、推拉门、折叠门、旋转门等。门的尺度通常是指门洞的高宽尺寸，其大小主要取决于人的通行要求、家具器械的搬运要求及它与建筑物的比例关系等因素。窗按开启方式有平开窗、固定窗、推拉窗、旋转窗、百叶窗等形式，窗的尺度主要取决于房间的采光、通风要求，同时要考虑其构造做法和建筑造型。门窗尺度还要符合现行《建筑模数协调统一标准》中的规定。

木门窗是以木材为主要原料，通过下料、刨光、钉铆、油漆等工序加工制作而成。木门窗是最早的门窗形式。钢门窗是用实腹型钢或薄壁空腹型钢在工厂制作、然后现场安装而成的，在强度、刚度、防火、采光等性能方面均优于木门窗，且窗料断面小，外形简洁美观，缺点是在潮湿环境下易锈蚀、耐久性差，且关闭不严、空隙大，在新建筑中已很少使用。彩板门窗是以热镀锌或合金化的钢板为基料，经过表面处理涂上有机涂料，形成彩板，再经机械加工而成的门窗。它具有重量轻、硬度高、采光面积大、防尘、隔声、保温、密封性和耐腐蚀性好、造型美观、色彩绚丽等优点。而铝合金门窗、塑料门窗因其用料省、重量轻、密闭性好、耐腐蚀、坚固耐用、色泽美观、维修费用低而得到了广泛的应用。

思考与讨论

1. 门按其开启方式通常有哪些类型？
2. 窗按其开启方式有哪些类型？
3. 门窗的安装有哪两种方法？

第七章 屋 顶

> **学习目标**
>
> 1. 了解屋顶的类型，了解屋面防水等级的划分和设防要求。
> 2. 了解屋面排水坡度的表示方法和屋面排水组织设计的内容。
> 3. 了解瓦屋面的构造；熟悉平屋面卷材防水、刚性防水和涂膜防水的构造。
> 4. 了解屋面保温、隔热构造。

> **导言**
>
> 屋顶是房屋的重要组成部分，屋顶设计的核心工作是防水，即防漏问题。保温、隔热也是屋顶构造设计的主要工作，防渗漏、保温、隔热设计的原理和方法主要体现在屋面的构造层次与屋顶的细部构造两个方面。本章主要介绍屋顶构造设计的基本原理和各种构造方案，同时介绍吊顶棚的构造。

第一节 屋顶的类型和设计要求

屋顶的类型和设计对建筑物功能和风格有着至关重要的影响。屋顶的类型可根据坡度进行分类，不同坡度的屋顶具有不同的排水性能，而坡度相近的屋顶也可以有迥然各异的建筑风格。建筑科技的发展催生了许多新型屋顶，这些屋顶的设计更富艺术价值，大大促进了建筑美学的发展。

一、屋顶的类型

屋顶的类型很多，大体上可分为平屋顶、坡屋顶和其他形式的屋顶。

平屋顶是排水坡度为2%～5%的屋顶，如图7-1所示。常用的排水坡度为2%～3%，坡度的形成可通过材料找坡（即垫置坡度）或结构找坡（即搁置坡度）来实现。

坡屋顶是指屋面坡度较陡的屋顶，其坡度一般在10%以上，坡度的形成主要是靠结构找坡来实现。坡屋顶在我国有着悠久的历史，广泛用作民居屋顶和考虑到景观环境或建筑风格要求的现代建筑屋顶。常见的坡屋顶形式有单坡、双坡屋顶，硬山、悬山屋顶，歇山、庑殿屋顶、圆形或多角形攒尖屋顶等，如图 7-2 所示。

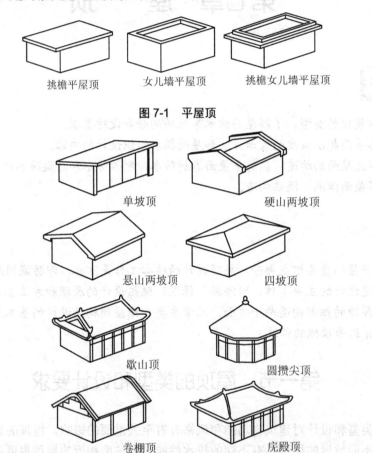

图 7-1　平屋顶

图 7-2　坡屋顶

随着建筑科学技术的发展，出现了许多新型结构的屋顶，如拱屋顶、折板屋顶、薄壳屋顶、悬索屋顶、网架屋顶等，如图 7-3 所示。这些屋顶的结构独特，使得建筑物的造型更加丰富多彩。

二、屋顶的设计要求

屋顶位于整个建筑上部，既是承重结构，又是外围护结构。设计时应考虑其功能、结构、建筑艺术三方面的要求。

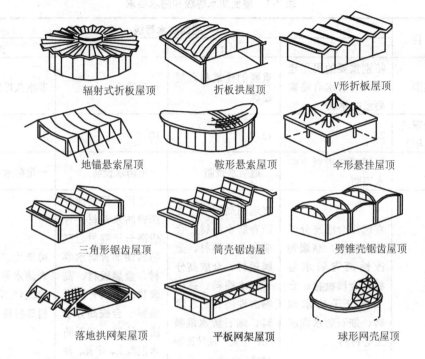

图 7-3 新型结构屋顶

（一）功能要求

屋顶作为外围护结构，首先应能抵御风、霜、雨、雪等自然灾害的侵袭。其中，防止雨水渗漏是屋顶的基本要求，也是屋顶设计的核心。我国现行的《屋面工程技术规范》（GB 50345—2004）根据建筑物的性质、重要程度、使用功能要求以及防水耐久年限等，将屋面防水划分为四个等级，各等级均有不同的设防要求，如表 7-1 所示。

其次，屋顶应能适应气温的变化。屋顶应具有良好的热工性能，即具有一定的热阻能力，以便使建筑具有舒适的室内环境。

（二）结构要求

屋顶作为承重结构，应具有足够的强度和刚度，以保证房屋的结构安全，并能够防止因过大的结构变形而引起的防水层开裂、漏水。

（三）建筑艺术要求

屋顶是建筑外部形体的重要组成部分。屋顶的形式及其细部构造的处理，对整个建筑造型影响极大，设计时应慎重考虑，除满足功能和结构要求以外，还要满足人们对建筑艺术方面的要求。

表 7-1 屋面防水等级和防水要求

项 目	屋面防水等级			
	I	II	III	IV
建筑物类别	特别重要的民用建筑和对防水有特殊要求的建筑	重要的建筑和高层建筑	一般建筑	非永久性的建筑
防水层合理使用年限（年）	25	15	10	5
设防要求	三道或三道以上防水设防	二道防水设防	一道防水设防	一道防水设防
防水层选用材料	宜选用合成高分子防水卷材、高聚物改性沥青防水卷材、金属板材、合成高分子防水涂料、细石防水混凝土等材料	宜选用高聚物改性沥青防水卷材、合成高分子卷材、金属板材、合成高分子防水涂料、高聚物改性沥青防水涂料、细石防水混凝土、平瓦、油毡瓦等材料	宜选用高聚物改性沥青防水卷材、合成高分子卷材、三毡四油沥青防水卷材、金属板材、高聚物改性沥青防水涂料、合成高分子防水涂料、细石防水混凝土、平瓦、油毡瓦等材料	可选用二毡三油沥青防水卷材、高聚物改性沥青防水涂料等材料

注：1. 采用的沥青均指石油沥青，不包括煤沥青和煤焦油等材料。
　　2. 石油沥青纸胎油毡和沥青复合胎柔性防水卷材，系限制使用材料。
　　3. 在I、II级屋面防水设防中，如仅做一道金属板材时，应符合有关技术规定。

第二节　屋顶排水设计

屋顶的排水设计就是对屋顶排水坡度进行选择，确定合理的排水方式。而屋顶坡度的选择和排水方式的确定，应主要根据屋面材料和当地降雨量的大小，并兼顾建筑的整体视觉效果统筹考虑。因此，在设计前要对建筑物级别、所在地降水量、建筑周围环境等多方面因素进行深入调查。

一、屋顶坡度选择

（一）屋顶排水坡度的表示方法

常用的屋顶坡度表示方法有角度法、斜率法和百分比法，如图7-4所示。

角度法以倾斜面与水平面所成夹角的大小来表示；斜率法以屋顶倾斜面的垂直投影长度与水平投影长度之比来表示；百分比法以屋顶倾斜面的垂直投影长度与水平投影长度之比的百分数来表示。斜率法多在坡屋顶中采用，百分比法多在平屋顶中采用，角度法应用较少。

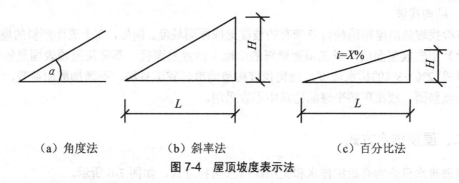

（a）角度法　　　（b）斜率法　　　（c）百分比法

图 7-4　屋顶坡度表示法

（二）影响屋顶坡度的因素

屋顶坡度的确定主要与屋面的防水材料和当地的降雨量有关。

1. 屋面防水材料

当防水材料尺寸较小、屋面接缝较多时，雨水通过缝隙渗漏的可能性就大，此时屋面应有较大的排水坡度，以便将屋面积水迅速排除。例如，坡屋顶的防水材料多为瓦材，每一块覆盖面积较小，接缝较多，故屋面坡度较大。

当防水材料覆盖面积大、屋面接缝少且严密时，屋面的排水坡度可小一些。例如，平屋顶的防水材料多为各种卷材、涂膜或现浇混凝土等，屋面接缝少，故排水坡度通常也较小。

2. 降雨量

降雨量大的地区，屋面渗漏的可能性较大，故屋顶的排水坡度应适当加大。反之，屋顶排水坡度则宜小一些。

（三）屋顶坡度的形成方法

屋顶坡度的形成有材料找坡和结构找坡两种做法，如图 7-5 所示。

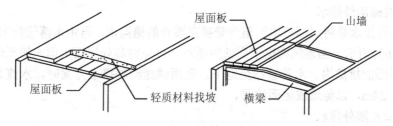

图 7-5　屋顶坡度的形成

1. 材料找坡

材料找坡是在屋顶结构层上用轻质松散材料（如水泥炉渣、石灰炉渣等）垫置而形成坡度。找坡层的厚度最薄处不应小于15mm，坡度以2%～3%为宜。材料找坡的屋面板可以水平放置，所以天棚面较平整，但材料找坡增加屋面荷载，所以材料和人工消耗较多。

2. 结构找坡

结构找坡是由屋顶结构自身带有的坡度形成屋面坡度。例如，在上表面倾斜的屋架（屋面大梁）上安放屋面板，或在顶面倾斜的山墙上搁置屋面板，都将使屋顶表面呈倾斜的坡面，形成2%～3%的排水坡度。结构找坡构造简单、省工省料、不增加屋面荷载，但室内天棚为倾斜面，故在顶棚平整的建筑中不宜采用。

二、屋顶排水方式

屋顶排水可分为有组织排水和无组织排水两种方式，如图7-6所示。

（一）无组织排水

无组织排水是指屋面雨水直接从檐口滴落至地面上的排水方式，又称自由落水，如图7-6（a）所示。无组织排水不需要天沟、雨水管等排水装置，其构造简单，造价低廉，但雨水易飞溅在外墙脚上，会降低外墙的坚固耐久性，并影响人行道交通。所以，当建筑物较高、降雨量较大时，或建筑物临街时，不宜采用这种排水方式。

（二）有组织排水

有组织排水是指雨水经由天沟、雨水管等排水装置，有组织地排到地面或地下管沟的排水方式。有组织排水适用于年降雨量＞900mm，檐口高度＞8m，或年降雨量＜900mm，檐口高度＞10m，以及临街建筑及建筑标准要求较高的情况。

有组织排水又可分为外排水和内排水两大类型。

1. 外排水

外排水是指雨水管装在建筑外墙以外的一种排水方式，其优点是构造较内排水简单，雨水管不进入室内，因此有利于室内美观和减少渗漏，故一般情况下应尽量采用，尤其在湿陷性黄土地区更宜采用。根据外排水构造做法的不同，又有如下分类：

（1）挑檐沟外排水

挑檐沟外排水是将屋面雨水汇集到悬挑在墙外的檐沟内，再由水落管排出的排水方式，如图7-6（b）所示。当建筑物出现高低屋面时，可先将高处屋面的雨水排至低处屋面，然后从低处屋面的挑檐沟、水落管排至地下。采用挑檐沟外排水方案时，水流路线的水平距离不应超过24m，以免造成屋面渗漏。

（2）女儿墙外排水

当建筑造型中不希望出现挑檐时，通常将外墙向上延伸圈住屋面，高于屋面的这部分外墙称为女儿墙。女儿墙外排水就是使屋面雨水通过穿墙弯管流至外墙以外的雨水管内的排水方式，如图 7-6（c）所示。

（3）女儿墙挑檐沟外排水

女儿墙挑檐沟外排水是在屋檐部位既有女儿墙，又有挑檐沟的一种排水方式，如图 7-6（d）所示。蓄水屋面常采用这种形式，利用女儿墙作为蓄水仓壁，利用挑槽沟汇集从蓄水池中溢出的多余雨水。

（4）暗管外排水

暗管外排水是将雨水管隐藏在假柱或空心墙中的一种排水方式，如图 7-6（e）所示。这种排水方式的假柱可处理成建筑立面上的竖向线条，起到一定的装饰作用，故在一些重要的公共建筑中常被采用。

2. 内排水

内排水是使屋面雨水有组织地汇入室内雨水管，再通过地下管道流至室外排水系统的一种排水方式，如图 7-6（f）所示为中间天沟内排水。这种排水方式常用于高层建筑、严寒地区的建筑以及屋面宽度较大的建筑。

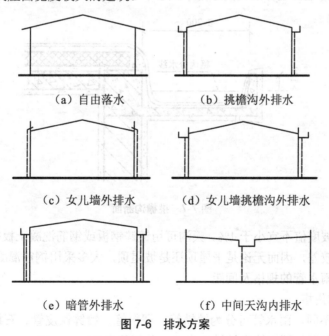

（a）自由落水　　　　　（b）挑檐沟外排水

（c）女儿墙外排水　　　（d）女儿墙挑檐沟外排水

（e）暗管外排水　　　　（f）中间天沟内排水

图 7-6　排水方案

三、屋面排水组织设计

屋面排水组织设计就是把屋面划分成若干个排水区，将各区的雨水分别引向各雨水管，使排水线路短捷、雨水管负荷均匀、排水顺畅的一种设计工作。详细过程是：先确定适当的屋面排水坡度，再设置必要的天沟、雨水管和雨水口，并合理地确定这些排水装置的规格、数量和位置，最后将它们标绘在屋顶平面图上。

（一）划分排水分区

划分排水分区的目的是为了均匀地布置雨水管。排水分区的大小一般按每个雨水管负担 $200m^2$ 屋面的雨水考虑，屋面面积按水平投影面积计算。

（二）确定排水坡面的数目

对于平屋顶，当建筑临街或房屋的进深较小时，宜采用单坡排水；当房屋的进深较大时，宜采用双坡排水。坡屋顶则应结合造型要求选择单坡、双坡或四坡排水。

（三）确定天沟断面的大小和天沟纵坡的坡度值

天沟即屋顶上的排水沟，位于外檐边的天沟被称为檐沟。天沟的功能是汇集并迅速排除屋面雨水，故其断面大小应恰当。沟底沿长度方向应设纵向排水坡，简称天沟纵坡。

天沟的净断面尺寸应根据降雨量和汇水面积的大小来确定。一般建筑的天沟净宽不应小于200mm，天沟上口至分水线的距离不应小于120mm，如图7-7所示。

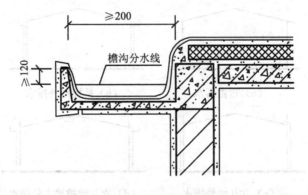

图7-7 挑檐沟断面

天沟的纵向坡度值不宜小于1%。天沟可用镀锌钢板或钢筋混凝土板等制成，由于金属天沟板的耐久性较差，因而无论是平屋顶还是坡屋顶，大多采用钢筋混凝土天沟。

（四）确定雨水管的规格及间距

1. 雨水管的规格

根据材料的不同，雨水管可分为铸铁管、塑料管、镀锌铁皮管、石棉水泥管和陶土管等，最常采用的是塑料雨水管和铸铁雨水管。其管径有75mm、100mm、125mm、150mm、200mm等几种规格。一般民用建筑常用75mm～100mm管径的雨水管。

2. 雨水管的间距

雨水管的间距过大时，雨水易溢向屋面而引起渗漏或从檐沟外侧涌出，因此雨水管的最大间距应予以控制。一般情况下，平屋顶挑檐沟的雨水管间距不宜超过 24m，女儿墙外排水及内排水的雨水管间距不宜超过 18m。

（五）绘制屋顶平面图

在划分排水区域、确定排水坡面的数目、天沟断面大小和天沟纵向坡值以及雨水管的规格与间距的基础上，将屋顶的排水示意（汇水分区情况、雨水流向、雨水管的位置及数量）用平面图表示出来，如图 7-8 所示。天沟的纵向坡度为 1%，箭头表示沟内的水流方向，两个雨水管的间距控制在 18m～24m，分水线位于天沟纵坡的最高处，距沟底的距离可根据坡度的大小算出，并可在檐沟剖面图中标示出来。

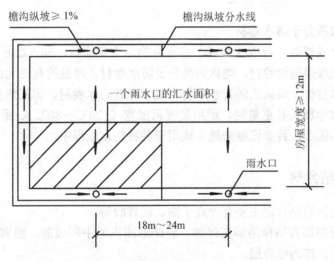

图 7-8　屋顶平面图（双坡檐沟外排水方式）

第三节　卷材防水屋面构造

卷材防水屋面即柔性防水屋面，它是将防水卷材与粘结剂结合，并形成连续致密的防水构造层的一种屋顶。其防水层具有一定的延伸性和适应温度、振动、不均匀沉陷等因素带来的变形的能力，整体性好，不易渗漏，但施工操作较为复杂，技术要求较高，适用于防水等级为 I～IV 级的屋面防水。

一、防水卷材

（一）沥青类防水卷材

沥青类防水卷材有纸胎油毡、玻璃布油毡、玻璃纤维毡片油毡、石棉油毡等品种，其中纸胎油毡为原始油毡。纸胎油毡是将纸胎在热沥青中浸透两次而制成的，其标号按每平方米纸胎的质量（g/m^2）来确定，用于屋面工程的纸胎油毡的标号不宜低于 350 号。

沥青类油毡防水屋面的防水层容易出现起鼓、沥青流淌、油毡开裂等问题，从而导致防水质量下降和使用寿命缩短，所以近年来在实际工程中已较少采用。

（二）高聚物改性沥青类防水卷材

高聚物改性沥青类防水卷材是以高分子聚合物改性沥青为涂盖层，以纤维织物或纤维毡为胎体，以粉状、粒状、片状或薄膜材料为覆面材料而制成的可卷曲片状防水材料，如 SBS 改性沥青油毡、再生胶改性沥青聚酯油毡、铝箔塑胶聚酯油毡、丁苯橡胶改性沥青油毡等。

（三）合成高分子防水卷材

凡以各种合成橡胶、合成树脂或二者混合物为主要原料，加入适量化学助剂等填充料加工制成的弹性或弹塑性卷材，均称为高分子防水卷材。常见的有三元乙丙橡胶防水卷材、氯化聚乙烯防水卷材、聚氯乙烯防水卷材、氯丁橡胶防水卷材、聚乙烯橡胶防水卷材等。

高分子防水卷材具有重量轻、适用温度范围宽（$-20℃\sim80℃$）、耐候性好、抗拉强度高、延伸率大等优点，目前已越来越多地用于各种防水工程中。

二、卷材粘合剂

用于沥青卷材的粘合剂主要有冷底子油、沥青胶等。

冷底子油是将沥青稀释溶解在煤油、轻柴油或汽油中制成的。通常刷在水泥砂浆（或混凝土）基层面，作为结合层。

沥青胶又称为玛琋脂（Mastic），是在沥青中加入填充料，如滑石粉、云母粉、石棉粉、粉煤灰等加工制成的。沥青胶分为冷、热两种，每种又分为石油沥青胶及煤沥青胶两类。石油沥青胶适用于粘结石油沥青类卷材，煤沥青胶则适用于粘结煤沥青类卷材。

各种防水卷材的粘合剂主要为溶剂型胶粘剂，它们与卷材配套使用。例如，改性沥青类卷材所用的 RA-86 型氯丁胶粘结剂、SBS 改性沥青粘结剂等，三元乙丙橡胶卷材所用的聚氨酯底胶基层处理剂、CX-404 氯丁橡胶粘合剂，氯化聚乙烯胶卷所用的 LYX-603 胶粘剂等。

三、卷材防水屋面构造

（一）构造组成

卷材防水屋面由基本构造层（结构层、找平层、结合层、防水层、保护层）和辅助构造层（保温层、隔热层、隔蒸汽层、找坡层）组成，如图 7-9 所示。

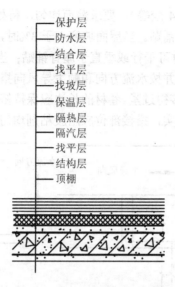

图 7-9 卷材防水屋面构造组成

1. 结构层

结构层多采用刚度好、变形小的各类钢筋混凝土屋面板。

2. 找平层

找平层一般采用 1∶3 水泥砂浆或 1∶8 沥青砂浆。现浇式钢筋混凝土结构层上的找平层厚度为 15mm～20mm，预制装配式钢筋混凝土结构层上的找平层厚度为 20mm～30mm。

3. 结合层

结合层的作用是在卷材与基层之间形成一层胶质薄膜，使卷材与基层胶结牢固。沥青类卷材通常用冷底子油作结合层，高分子卷材则多用配套基层处理剂，也有采用冷底子油或稀释乳化沥青作结合层的。

4. 防水层

（1）高聚物改性沥青防水层

高聚物改性沥青防水卷材的铺贴方法有冷粘法和热熔法两种。

冷粘法是用胶粘剂将卷材粘贴在找平层上，或利用某些卷材的自粘性进行铺贴。用冷粘法铺贴卷材时应注意卷材要平整顺直，搭接尺寸要准确，不能扭曲，卷材下面的空气应予排出，并将卷材辊压粘结牢固。

热熔法是用火焰加热器将卷材均匀加热至表面光亮发黑，并立即滚铺卷材使之平展，然后辊压牢实的方法。

（2）高分子卷材防水层

高分子防水卷材（以三元乙丙卷材防水层为例）的构造做法是：先在找平层（基层）

上涂刮基层处理剂（如 CX-404 胶等），要求薄而均匀，待处理剂干燥不粘手后铺贴卷材。卷材一般应由屋面低处向高处铺贴。当屋面坡度小于3%时，卷材可平行屋脊方向铺贴；当屋面坡度为3%～15%时，卷材可平行或垂直于屋脊铺贴；当屋面坡度大于15%或屋面受振动时，卷材垂直于屋脊铺贴，并按水流方向和顺主导风向搭接，如图 7-10 所示。铺贴时卷材应保持自然松弛状态，不能接得过紧。卷材的长边应保持搭接50mm，短边保持搭接70mm。卷材铺好后立即用工具辊压密实，搭接部位应用胶粘剂均匀涂刷粘全。

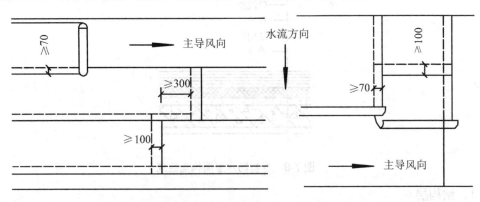

(a) 卷材平行屋脊铺贴　　　　　　(b) 卷材垂直屋脊铺贴

图 7-10　卷材铺贴方向与搭接尺寸

（3）沥青卷材防水层

沥青防水卷材（以沥青油毡防水层为例）的做法是：先在找平层上涂刷一层冷底子油，然后将调制好的沥青胶均匀涂刷在找平层上，边刷边铺油毡；铺好一层后再刷沥青胶，再铺一层油毡。如此交替进行至防水层所需层数为止，最后一层油毡面上也需刷一层沥青胶。一般民用建筑屋面防水层应做三毡四油（三层油毡和四层沥青胶），非永久性的简易建筑采用二毡三油。

油毡可平行或垂直于屋脊铺贴。铺贴油毡应采用搭接方法，各层油毡的搭接宽度长边不小于70mm、短边不小于100mm。铺贴时接头应顺主导风向，以免油毡被风掀开。沥青玛琋脂的厚度应控制在 1mm～1.5mm，过厚时沥青易发生龟裂现象。

5. 保护层

为了使卷材不因阳光照射和气候变化的影响而迅速老化，防止沥青类卷材的沥青在高温时流淌，在防水层上应设置保护层。保护层的构造做法有下面两种情况：

（1）当屋面为不上人屋面时，一般在沥青油毡防水层上撒粒径为 3mm～5mm 的小石子作保护层，称为绿豆砂保护层；高分子卷材（如三元乙丙橡胶防水屋面等）的保护层通常是在卷材面上涂刷水溶型或溶剂型的浅色着色剂（如氯丁银粉胶等），如图 7-11 所示。

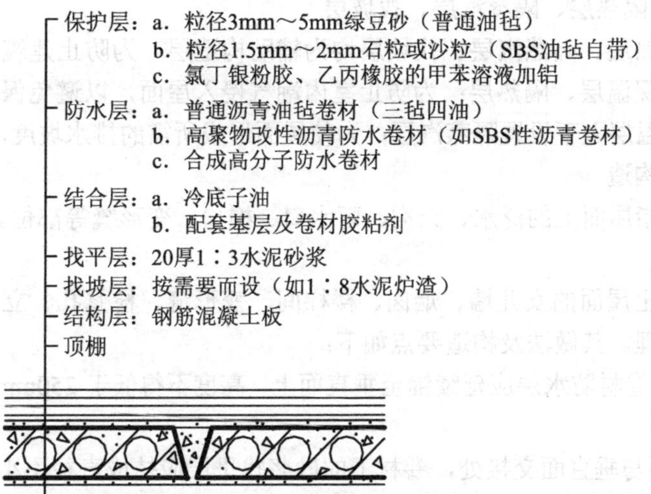

```
┌─保护层：a. 粒径3mm～5mm绿豆砂（普通油毡）
│        b. 粒径1.5mm～2mm石粒或沙粒（SBS油毡自带）
│        c. 氯丁银粉胶、乙丙橡胶的甲苯溶液加铝
├─防水层：a. 普通沥青油毡卷材（三毡四油）
│        b. 高聚物改性沥青防水卷材（如SBS性沥青卷材）
│        c. 合成高分子防水卷材
├─结合层：a. 冷底子油
│        b. 配套基层及卷材胶粘剂
├─找平层：20厚1：3水泥砂浆
├─找坡层：按需要而设（如1：8水泥炉渣）
├─结构层：钢筋混凝土板
└─顶棚
```

图 7-11 不上人屋面的保护层做法

（2）上人屋面的保护层按楼面面层做，通常可用沥青砂浆铺贴缸砖、大阶砖、混凝土板等块材，或在防水层上现浇30mm～40mm厚的细石混凝土，如图 7-12 所示。

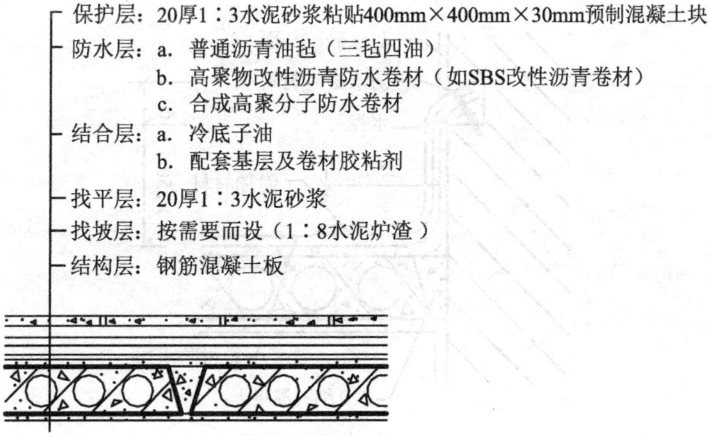

```
┌─保护层：20厚1：3水泥砂浆粘贴400mm×400mm×30mm预制混凝土块
├─防水层：a. 普通沥青油毡（三毡四油）
│        b. 高聚物改性沥青防水卷材（如SBS改性沥青卷材）
│        c. 合成高聚分子防水卷材
├─结合层：a. 冷底子油
│        b. 配套基层及卷材胶粘剂
├─找平层：20厚1：3水泥砂浆
├─找坡层：按需要而设（1：8水泥炉渣）
└─结构层：钢筋混凝土板
```

图 7-12 上人屋面的保护层做法

现浇整体保护层应设分格缝，其位置宜在屋顶坡面的转折处、屋面与突出屋面的女儿墙和烟囱等交接处，缝内用防水油膏嵌封，其构造做法同混凝土刚性防水屋面的分格缝，将在第四节中介绍。上人屋面做屋顶花园时，水池、花台等构造均应在屋面保护层上设置。

6. 保温层、隔热层、隔蒸汽层、找坡层

保温层、隔热层、隔蒸汽层、找坡层均为辅助构造层，为防止建筑室内冬季过冷、夏季过热，应设置保温层、隔热层；为防止室内潮气侵入屋面，以避免保温功能失效、防水层鼓裂，应在保温层之下设置隔蒸汽层；为使屋面形成所需的排水坡度，应设置找坡层。

（二）细部构造

屋顶细部是指屋面上的泛水、天沟、雨水口、檐口、变形缝等部位。

1. 泛水构造

泛水是指突出屋面的女儿墙、烟囱、楼梯间、变形缝、检修孔、立管等的壁面与屋顶交接处的防水处理。其做法及构造要点如下：

（1）屋面的卷材防水层应延续铺至垂直面上，高度不得低于 250mm，并在转弯处附加一层卷材。

（2）在屋面与垂直面交接处，卷材下的砂浆找平层应抹成直径不小于 150mm 的圆弧形或 45°斜面，并在其上刷卷材粘结剂，使卷材铺贴牢实，以免卷材架空或折断。

（3）做好泛水上口卷材的收头固定工作，通常先在垂直墙中留凹槽，将卷材的收头压入槽内，用防水压条钉压后再用密封材料嵌填密实，最后抹水泥砂浆作保护层。凹槽上部的墙体用防水砂浆抹面。

泛水构造如图 7-13 所示。

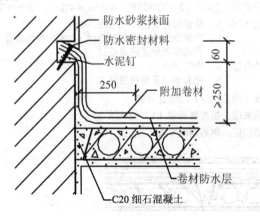

图 7-13 卷材防水屋面泛水构造

2. 挑檐口构造

挑檐口施工包括无组织排水和有组织排水两种做法。

（1）无组织排水挑檐口

无组织排水挑檐口常采用与圈梁整浇的混凝土挑板，在檐口周围 800mm 范围内的卷材应采取满贴法，卷材收头处要粘贴牢固。其做法是先在混凝土檐口上用细石混凝土或水泥砂浆做一凹槽,再将卷材贴在槽内,然后将卷材收头用水泥钉钉牢,并用防水油膏嵌填密实,其构造做法如图7-14所示。

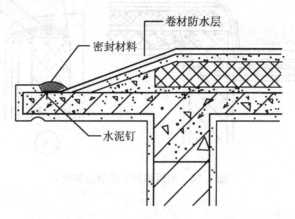

图7-14 无组织排水挑檐口构造

(2) 有组织排水挑檐口

有组织排水挑檐口一般采用钢筋混凝土制作。常用的挑檐结构有现浇式、预制搁置式、预制压重平衡式和预制自重平衡式等类型,如图7-15所示。

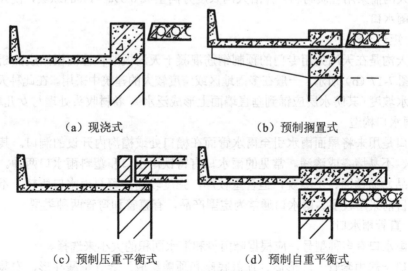

(a) 现浇式　　　　　　　　　(b) 预制搁置式

(c) 预制压重平衡式　　　　　(d) 预制自重平衡式

图7-15 常用挑檐结构类型

现浇钢筋混凝土檐沟板可与檐口处的圈梁一起浇注成为整体,如图7-16所示。其构造的要点是:① 挑檐沟内应加铺1～2层附加卷材;② 沟内转角部位的找平层应做成圆弧形或45°斜面;③ 卷材的收头应用水泥钉钉压条,用油膏或砂浆盖缝。

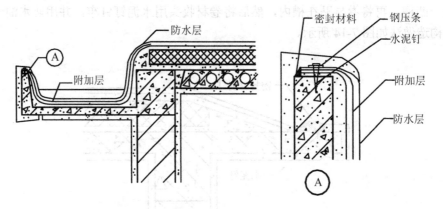

图 7-16 有组织排水挑檐口构造

3．天沟构造

屋面上的排水沟称为天沟，天沟有三角形和矩形两种设置方式。

（1）三角形天沟

三角形天沟是利用屋顶倾斜坡面的低洼部位做成三角形断面天沟，常在跨度（进深）不大且屋面排水为女儿墙外排水的民用建筑中采用，其构造做法如图 7-17（a）所示。

此种天沟需采用轻质材料，并沿天沟长度方向垫成 0.5%～1% 的纵坡，使天沟内的雨水迅速排入雨水口。

（2）矩形天沟

矩形天沟是在天沟处用专门的预制钢筋混凝土天沟板取代屋面板做成的断面为矩形的天沟，如图 7-17（b）所示。一般在多雨地区或跨度较大的建筑中采用。在此种天沟内也需设置纵向排水坡度（其防水层应铺到垂直墙面上形成泛水）、卷材收头处理与女儿墙泛水构造。

4．雨水口构造

雨水口是用来将屋面雨水引至雨水管而在檐口处或檐沟内开设的洞口。其构造上要求排水通畅、不易堵塞或渗漏。常见的雨水口有铸铁雨水口和塑料雨水口两种。铸铁雨水口是金属制品，易锈蚀、不美观，但管壁较厚，强度较高；塑料雨水口质轻、不会锈蚀、色彩多样，目前采用较多。雨水口通常为定型产品，有直管和弯管两种类型。

（1）直管雨水口

直管雨水口有多种型号，应根据降雨量和汇水面积的大小来选择。

雨水口一般由套管、环形筒、顶盖底座和顶盖组成。套管呈漏斗形，安装在天沟底板或屋面板上，各层卷材（包括附加卷材）均应粘贴在套管内壁上，并且在表面涂防水油膏。环形筒起压紧卷材的作用，将其嵌入套管内，嵌入深度至少为 100mm。顶盖及底座位于环形筒之上，底座有放射状格片，用以加速水流和遮挡杂物。环形筒与底座的接缝处须用油膏嵌封。直管雨水口构造如图 7-18 所示。

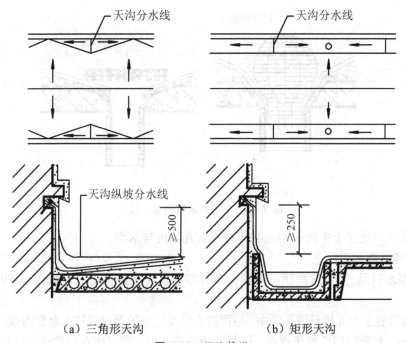

(a) 三角形天沟　　　　　　　(b) 矩形天沟

图 7-17　天沟构造

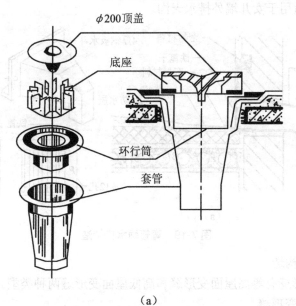

(a)

图 7-18　直管雨水口构造

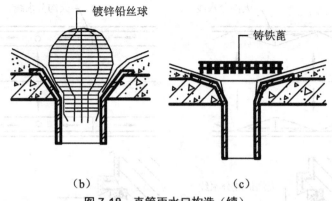

图 7-18 直管雨水口构造（续）

直管雨水口适用于中间天沟、挑檐沟或女儿墙内排水沟。

（2）弯管雨水口

弯管雨水口呈 90°弯曲状，由弯曲套管和铁篦子两部分组成，如图 7-19（b）、（c）所示。

弯曲套管置于女儿墙预留孔洞中，屋面防水层及泛水的卷材应伸入套管内壁，伸入深度不少于 100mm，套管口用铁篦子遮盖，以防污物堵塞水口。弯管雨水口构造做法如图 7-19（a）所示。弯管雨水口适用于女儿墙外排水天沟。

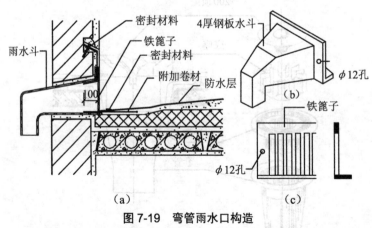

图 7-19 弯管雨水口构造

5．屋面变形缝构造

常见的屋面变形缝有等高屋面变形缝和高低屋面变形缝两种类型。

（1）等高屋面变形缝

等高屋面变形缝的做法是在缝的两侧屋面板上砌筑矮墙，矮墙的高度不小于 250mm，厚度为半砖厚。屋面与矮墙面交接处的防水处理同泛水构造，缝内应嵌填沥青麻丝，矮墙顶部可用镀锌铁皮盖缝，也可干铺一层卷材后放上混凝土盖板压顶，如图7-20所示。

（2）高低屋面变形缝

高低屋面变形缝的做法是在低侧屋面板上砌筑矮墙。当变形缝宽度较小时，可用镀锌铁皮盖缝，并固定在高侧墙上，也可以从高侧墙上用悬挑钢筋混凝土板盖缝，其构造做法如图7-21所示。

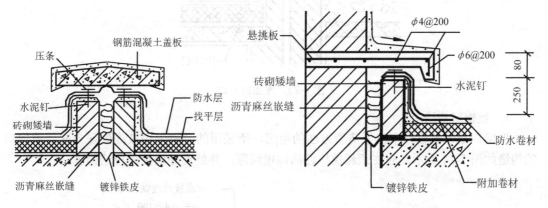

图7-20 等高屋面变形缝　　　　图7-21 高低屋面变形缝

6. 屋面检修孔与屋面出入口构造

不上人屋面应设屋面检修孔。检修孔的孔壁可用砖立砌，也可在现浇屋面板时通过将混凝土上翻制成，其高度一般为300mm。壁外侧的防水层应做成泛水，并用镀锌铁皮盖缝，将卷材钉压牢固，如图7-22所示。

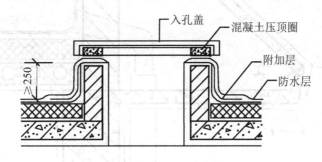

图7-22 屋面检修孔

上人屋面通常使楼梯间高出屋面并设置出入口。当顶部楼梯间的室内地坪低于室外屋面时，在出入口处应设挡水门坎。屋面出入口处构造同泛水构造，如图7-23所示。

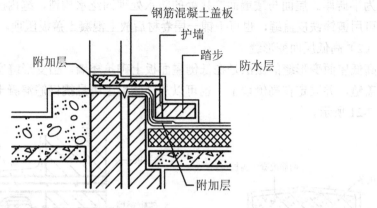

图 7-23 屋面出入口

7. 坡檐口构造

坡檐口是建筑设计中出于造型方面的考虑,所采用的一种平顶坡檐处理方式。坡檐口的构造如图 7-24 所示。应注意悬挑构件的倾覆问题,并处理好构件的拉结锚固。

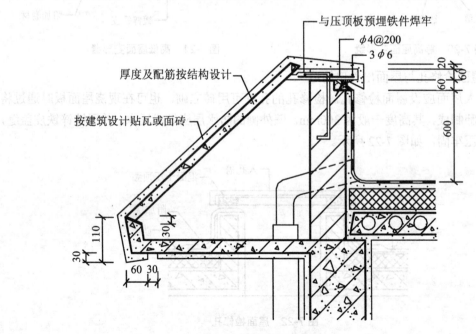

图 7-24 平屋顶坡檐口

第四节 刚性防水屋面构造

刚性防水屋面是指用防水砂浆或细石混凝土等刚性材料做防水层的屋面。刚性防水屋面的主要优点是构造简单、施工方便、造价较低；缺点是易开裂，对气温变化和屋面基层变形的适应性较差，所以不宜用于高温、有振动、基础有较大不均匀沉降的建筑，多用作我国南方地区屋面防水等级为 III 级的防水层，或用作屋面防水等级为 I、II 级的多道防水层中的一道防水层。

一、刚性防水屋面的构造层次

刚性防水屋面的构造层一般有结构层、找平层、隔离层、防水层等，如图 7-25 所示。刚性防水屋面应尽量采用结构找坡。

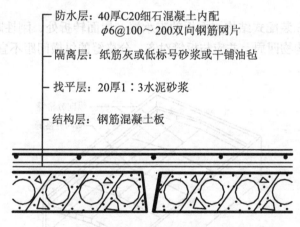

图 7-25　刚性防水屋面

（一）结构层

屋面结构层一般采用预制（或现浇）的钢筋混凝土屋面板，结构层应有足够的刚度，以免由于结构变形过大而引起防水层开裂。

（二）找平层

当结构层为预制钢筋混凝土板时，采用 20mm 厚 1∶3 水泥砂浆做找平层。当屋面板为整体现浇混凝土结构时，则可不设找平层。

（三）隔离层

当结构层在荷载作用下产生挠曲变形，或在温度变化作用下产生胀缩变形时，刚度较小的防水层很容易被拉裂。因此，在结构层与防水层间应设一道隔离层，使二者脱开。隔离层可采用铺纸筋灰、低标号砂浆,或在薄砂层上干铺一层油毡等做法。

（四）防水层

防水层常用厚度不小于 40mm、强度不低于 C20 的细石混凝土整体现浇,并配置直径为 $\phi 4 \sim \phi 6$ 间距为 100mm～200mm 的双向钢筋网片。为提高防水层的抗裂和抗渗性能,可在细石混凝土中掺入适量的外加剂,如膨胀剂、减水剂、防水剂等。

二、混凝土刚性防水屋面的细部构造

混凝土刚性防水屋面的细部构造包括分格缝、泛水、天沟、檐口、雨水口等。

（一）分格缝

大面积的整体现浇混凝土受气温变化的影响会产生较大的变形,屋面板在荷载作用下也会产生挠曲变形,这些变形都将导致混凝土防水层开裂。因此,在刚性防水层中应设置分格缝,将单块混凝土防水层的面积缩小,从而降低其伸缩变形的程度,并有效地限制和防止裂缝的产生。

分格缝应设置在装配式结构屋面板的支承端、屋面转折处、刚性防水层与立墙的交接处及突出屋面的结构物四周,并应与板缝对齐。分格缝的纵横间距不宜大于 6m。分格缝的位置如图 7-26 所示。

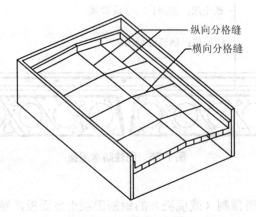

图 7-26　分格缝的位置

分格缝应用油膏嵌缝,并用防水卷材铺贴盖缝,其构造如图 7-27 所示。

（二）泛水

1. 女儿墙泛水

女儿墙与刚性防水层间应留分格缝,并用油膏嵌缝,然后用附加卷材铺贴至泛水所需高度,压缝收头处理同卷材防水,如图 7-28 所示。

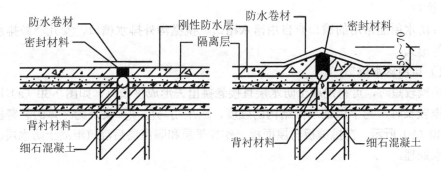

图 7-27 分格缝构造

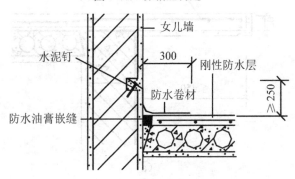

图 7-28 女儿墙泛水构造

2. 变形缝泛水

变形缝分为高低屋面变形缝和横向变形缝两种，同卷材屋面一样需在缝的两侧砌矮墙后再做泛水。横向变形缝的做法如图 7-29（a）所示，可用镀锌铁皮作盖缝板，也可用混凝土预制板盖缝，盖缝前先干铺一层卷材，以减少泛水与盖板之间的摩擦力。高低屋面变形缝的做法如图 7-29（b）所示，可用悬挑板盖缝，也可用镀锌铁皮盖缝。

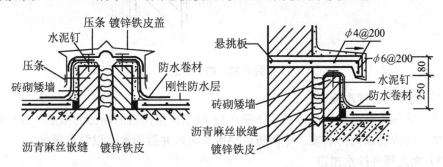

（a）横向变形缝泛水　　（b）高低屋面变形缝泛水

图 7-29 变形缝泛水构造

3. 檐口

刚性防水屋面常用的檐口有自由落水檐口、挑檐沟外排水檐口、女儿墙外排水檐口、坡檐口等形式。

(1) 自由落水檐口

当挑檐较短时，可将混凝土防水层直接悬挑出去形成挑檐口，如图7-30（a）所示。当所需挑檐较长时，为了保证悬挑结构的强度，应采用与屋顶圈梁连为一体的悬臂板挑檐，如图7-30（b）所示。在挑檐板与屋面板上作找平层和隔离层后浇筑混凝土防水层。檐口处应做滴水处理。

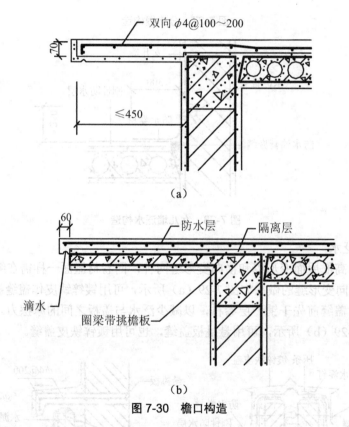

图 7-30 檐口构造

(2) 挑檐沟外排水檐口

此种方式属于有组织排水方式，如图7-31所示，檐沟板的断面为槽形，并与屋面圈梁连成整体，沟内设纵向排水坡，屋面防水层挑入沟内并做滴水，以防止爬水。

(3) 女儿墙外排水檐口

在跨度不大的平屋顶中，当采用女儿墙外排水时，常利用倾斜的屋面板与女儿墙间的夹角做成三角形断面天沟,此时沟内也需设纵向排水坡,如图 7-32 所示。

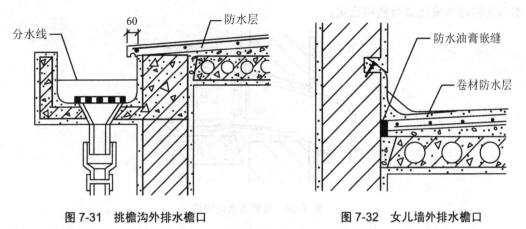

图 7-31 挑檐沟外排水檐口　　　图 7-32 女儿墙外排水檐口

4. 雨水口

刚性防水屋面的雨水口也有直管和弯管两种类型。

（1）直管雨水口

这种雨水口的构造如图 7-33 所示。为了防止雨水从雨水口套管与檐沟底板间的接缝处渗漏，安装时应在雨水口的四周加铺宽度约为 200mm 的二布三油或二布六涂附加卷材，卷材应伸入套管内壁中，然后将天沟内的混凝土防水层盖在卷材的上面，并在防水层与雨水口的接缝处用油膏嵌填密实。

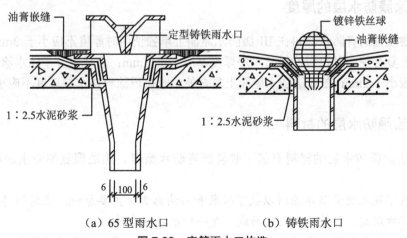

（a）65 型雨水口　　　（b）铸铁雨水口

图 7-33 直管雨水口构造

（2）弯管雨水口

弯管雨水口多用于女儿墙外排水，其构造如图 7-34 所示，在弯管与女儿墙连接处应附加卷材，并将其伸入弯管内不少于100mm，将屋面防水层铺在卷材之上，防水层与弯管雨水口的接缝处要用油膏嵌填密实。

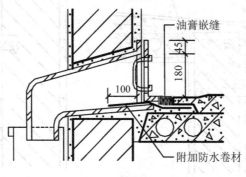

图7-34 弯管雨水口构造

第五节 涂膜防水屋面构造

涂膜防水屋面是将防水材料刷在屋面基层上，利用涂料干燥并固化以后的不透水性来达到防水目的的屋面。涂膜防水主要适用于防水等级为Ⅲ、Ⅳ级的防水屋面，也可用作Ⅰ、Ⅱ级防水屋面的多道防水设防中的一道防水层。

一、涂膜防水层的厚度

高聚物改性沥青防水涂料在Ⅲ级防水屋面上单独使用时厚度不应小于3mm，在Ⅱ级防水屋面上复合使用时每道涂料防水层厚度不应小于3mm；合成高分子防水涂料单独使用时厚度不应小于2mm，在Ⅱ级防水屋面上复合使用时每道涂料防水层厚度不应小于1.5mm。

二、涂膜防水层的材料

常用的涂膜防水层的材料有氯丁胶乳沥青防水涂料、焦油聚氨酯防水涂料、塑料油膏等。

- 氯丁胶乳沥青防水涂料以氯丁胶乳和石油沥青为主要原料，采用阳离子乳化剂或其他助剂，经软化和乳化而成，是一种水乳型涂料。
- 焦油聚氨酯防水涂料又名851涂膜防水胶，是以异氰酸酯为主剂和以煤焦油固化剂为填料所构成的双组分高分子涂膜防水材料，其甲、乙两液混合后在常温下经化学反应形成一种耐久的橡胶弱性体，从而起到防水作用。

- 塑料油膏由废旧聚氯乙烯塑料、煤焦油、增塑剂、稀释剂、防老化剂及填充材料配制而成。

涂膜防水层材料应根据当地历年最高气温、最低气温及屋面坡度和使用条件等因素，选择与耐热度、低温柔性相适应的涂料；根据地基变形程度、结构形式、当地年温差、日温差和振动等因素，选择与延伸性能相适应的涂料；根据屋面防水涂料的暴露程度，选择与耐紫外线、耐老化保持率相适应的涂料。

三、涂膜防水屋面的排水坡度

当涂膜防水屋面为结构找坡时，其排水坡度宜为3%；当涂膜防水屋面为材料找坡时，其排水坡度宜为2%；当屋面坡度大于25%时，不宜采用成膜时间过长的涂料。

四、涂膜防水层的基层

涂膜防水层的基层，应符合水泥砂浆或细石混凝土找平层的规定。在转角处应抹成弧形，其半径不宜小于50mm。找平层应设分格缝，缝宽宜为20mm，其间距不宜大于6m。分格缝应嵌填密封材料，并在其上增设带胎体增强材料的空铺附加层，其宽度宜为200mm～300mm。

当屋面结构层采用装配式钢筋混凝土板时，板缝内应浇灌细石混凝土，其强度等级不应小于C20；灌缝的细石混凝土中宜掺微膨胀剂。宽度大于40mm的板缝或上窄下宽的板缝中，应加设构造钢筋。板端缝应进行柔性密封处理。非保温屋面的板缝上应预留凹槽，并嵌填密封材料。

五、隔气层、隔离层、保护层

对于有保温要求的涂膜防水屋面应设隔气层，其厚度应与卷材防水屋面相同。

涂膜防水屋面应设置保护层。保护层材料可采用细砂、云母、蛭石、浅色涂料、水泥砂浆、块材或细石混凝土等。水泥砂浆保护层的厚度不宜小于20mm。采用水泥砂浆、块材或细石混凝土时，应在涂膜与保护层之间设置隔离层。隔离层可采用纸筋灰、麻刀灰、低强度等级砂浆、干铺卷材等。

六、涂膜防水屋面的构造做法

防水涂料应分层分遍涂布，待先涂的涂层干燥并成膜后，方可涂布后一遍涂料。具体操作程序是将稀释的涂料均匀地涂布于找平层上作为底涂层；在已干的底涂层上干铺玻璃纤维网格布（胎体增强材料），展开后加以点粘固定，当铺过两个纵向搭接缝以后依次涂刷防水涂料2~3度，待涂层干后按上述做法铺第二层网格布，然后再涂刷防水涂料1~2度。当屋面坡度小于15%时，可平行屋脊铺设；当屋面坡度大于15%时，应垂直于屋脊铺设，并由屋面最低处向上操作。胎体长边搭接宽度不小于50mm，短边搭接宽度不小于70mm。采用二层胎体增强材料时，上下层不得互相垂直铺设，搭接缝应错开，其间距不应小于幅宽的1/3。如图7-35所示为涂膜防水屋面的构造层。

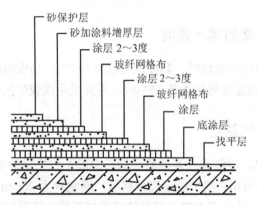

图7-35 涂膜防水屋面的构造层

涂膜防水层在天沟、檐沟、檐口、泛水等部位均应加铺有胎体增强材料的附加层；在水落口周围与屋面交接处，应作密封处理，并加铺两层有胎体增强材料的附加层。涂膜伸入水落口的深度不得小于50mm。涂膜防水层的收头应用防水涂料多遍涂刷或用密封材料封严，如图7-36所示。

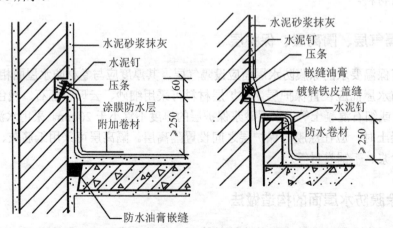

（a）涂膜防水屋面的女儿墙处泛水　（b）涂膜防水高低屋面变形缝处的泛水

图7-36 涂膜防水屋面的节点构造

第六节 瓦屋面构造

瓦屋面一般是在屋面基层上铺盖各种瓦材，利用瓦材的相互搭接来防止雨水渗漏，即传统瓦屋面做法；也有出于造型需要在屋面基层上盖瓦，利用基层材料做防水，即新型瓦屋面做法。

一、传统瓦屋面构造

（一）承重结构

瓦屋面的承重结构一般可分为桁架结构、梁架结构、空间结构及硬山承重体系，如图 7-37 所示。

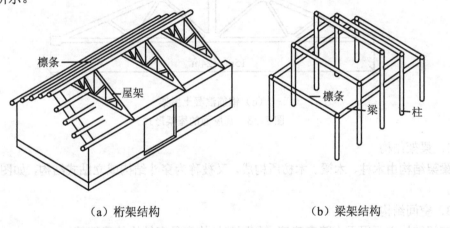

（a）桁架结构　　　（b）梁架结构

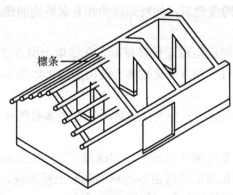

（c）硬山承重体系

图 7-37　瓦屋面的承重结构

1. 桁架结构

瓦屋面所用的桁架多为三角形屋架,按材料的不同又可分为木屋架、钢木组合屋架、钢筋混凝土屋架,如图7-38所示。当房屋的内横墙较少时,常将檩条搁在屋架之间作为屋面承重结构,如图7-38(a)所示。

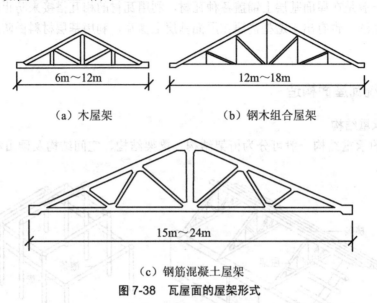

图 7-38 瓦屋面的屋架形式

2. 梁架结构

梁架结构由木柱、木梁、木枋所构成,又被称为穿斗结构或立贴式结构,如图7-37(b)所示。

3. 空间结构

空间结构主要用于大跨度建筑,如网架结构和悬索结构的建筑等。

4. 硬山承重体系

硬山承重体系是将横墙砌至屋顶代替屋架,在横墙上面直接铺屋面板,或在横墙上搭檩条,再做屋面的做法,后一种方式又被称为硬山搁檩,如图7-37(c)所示。

(二)屋面构造

瓦屋面按屋面基层的组成方式分为无檩体系和有檩体系两种构造方式。

1. 无檩体系

无檩体系是将屋面板直接搁在山墙、屋架或屋面梁上的结构体系,瓦主要起造型装饰的作用。这种无檩体系的瓦屋面基层由各类钢筋混凝土板构成,其构造方式比较简单,常用于民用住宅或风景园林建筑的屋顶,如图7-39所示。

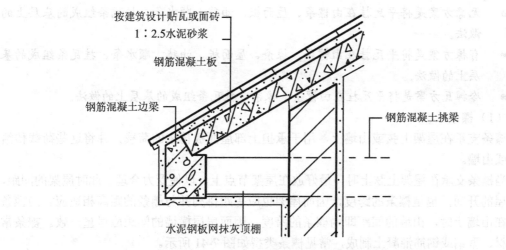

图 7-39　无檩体系（钢筋混凝土基层瓦屋面）

2. 有檩体系

有檩体系是将瓦材铺设在由檩条、屋面板、挂瓦条等组成的基层上的结构体系。其屋面构造做法有无椽、有椽、冷摊瓦等方案，如图 7-40 所示。

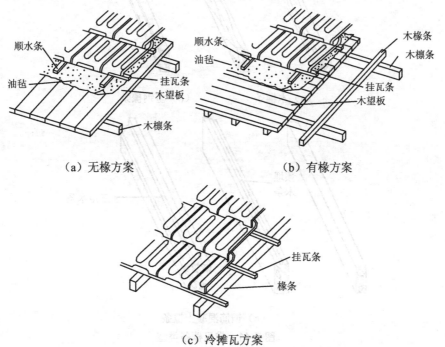

（a）无椽方案　　（b）有椽方案

（c）冷摊瓦方案

图 7-40　有檩体系

- 无椽方案是将平瓦挂在由檩条、屋面板、油毡、顺水条、挂瓦条组成的基层上的做法。
- 有椽方案是将平瓦挂在由檩条、椽条、屋面板、油毡、顺水条、挂瓦条组成的基层上的做法。
- 冷摊瓦方案是将平瓦挂在由檩条、椽条、挂瓦条组成的基层上的做法。

（1）檩条

檩条支承在屋架上弦或山墙上，用于承担上部屋面板传来的荷载，并将这些荷载传给屋架或山墙。

当檩条支承在屋架上弦上时，最好放在屋架节点上，以使受力合理。此时屋架的间距，即房屋的开间，也是檩条的跨度，因而屋架也应等距排列并与檩条的距离相适应。当檩条支承在山墙上时，山墙的间距即为檩条的跨度，因而房屋横墙的间距应尽量一致。檩条常用木材、型钢或钢筋混凝土制成，常见檩条类型如图 7-41 所示。

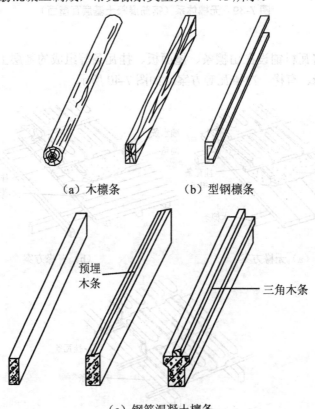

图 7-41　常见檩条类型

木檩条的跨度一般在 4m 以内，断面多为矩形或圆形，断面大小须根据结构计算来确定。木檩条的间距为 500mm～700mm，如檩条间采用椽子时，其间距也可放大至 1m 左右。木檩条在山墙上的支承端应刷沥青等材料来防腐，并垫混凝土或防腐木垫块。

钢筋混凝土檩条的跨度一般为 4m，有的可达 6m。其断面有矩形、T 形和 L 形等，尺寸由结构计算来确定。当硬山承檩时，在山墙上应预置混凝土垫块。为便于在檩条上固定瓦屋面的木基层，可在钢筋混凝土檩条上预留直径为 4mm 的钢筋来固定木条，木条断面多为梯形，尺寸为 40mm～50mm 对开。

檩条上可直接钉屋面板。当檩条间距较大时，可垂直于檩条铺放椽子，椽子的间距为 500mm 左右，其截面尺寸方木为 50mm×50mm、圆木直径为 50mm。

(2) 屋面板

屋面板也叫"望板"，一般采用 15mm～20mm 厚的木板。可直接钉在檩条上，如图 7-40 (a) 所示；有时也需钉在椽子上，如图 7-40 (b) 所示。屋面板的接头应钉在檩条或椽子上，并应错开布置，不得集中在一根上。为了使屋面板结合严密，屋面板板缝应做成企口缝。

(3) 油毡

屋面板应干铺一层油毡，做第二道防水。油毡应平行于屋檐自下而上铺设，纵横搭接宽度不应小于 100mm，并用热沥青粘严。油毡在屋檐处应搭入铁皮天沟内；在屋面突出物（如山墙、女儿墙、烟囱等）处应沿垂直墙面向上铺设，而且应高出屋面 200mm 以上，并做好收头处理（同卷材屋面泛水）。

(4) 顺水条

顺水条即压毡条。在屋面板上铺油毡时，需顺水流方向钉木压毡条，这样即使有少量雨水从瓦缝间渗下，也可顺油毡表面流到檐口。通常，顺水条断面尺寸为 30mm×15mm，中距为 400mm～500mm。

(5) 挂瓦条

挂瓦条一般在有望板时钉在顺水条上，如图 7-40 (a)、(b) 所示；在没有望板时钉在平行于水流方向的椽条上，如图 7-40 (c) 所示。其断面尺寸一般为 30mm×30mm，间距应与平瓦的尺寸相适应，一般为 280mm～330mm。屋檐三角木断面尺寸一般为 50mm×70mm，每两根顺水条之间应留一个泄水孔。

(6) 平瓦

平瓦有陶瓦和水泥瓦两种类型。陶瓦有青色和红色两种，水泥瓦一般为灰色。青、红陶瓦尺寸为 380mm×240mm×20mm，水泥瓦尺寸为 385mm×235mm×15mm，脊瓦尺寸为 445mm×190mm×20mm。铺瓦时应由檐口向屋脊铺挂。上下瓦的搭盖宽度不应小于 70mm，檐口处的瓦应伸出封檐板 80mm，并用一道 20 号铅丝将其拴挂在挂瓦条上。屋脊处也应用一道 20 号铅丝将瓦拴挂在挂瓦条上，并用 1:3 水泥砂浆铺脊瓦盖严。

3. 平瓦屋面的细部构造

平瓦屋面应做好檐口、天沟、屋脊等部位的构造处理。

(1) 檐口

檐口构造分纵墙檐口和山墙檐口两种情况。

① 纵墙檐口

纵墙檐口根据造型要求可做成挑檐或封檐结构，如图 7-42 所示。当挑檐较小时，可采用砖砌挑檐，即将砖墙逐皮向外挑出 1/4 砖长（60mm），挑出的总长度不应大于墙厚的 1/2；当挑出长度小于 300mm 时，可利用椽子挑出；当挑出长度大于 300mm 时，应采用挑檐木或钢筋混凝土挑枋将檐口挑出；当外墙超出屋面将檐口包住时，采用女儿墙封檐构造。女儿墙与屋架的交接处需设天沟和泛水。可采用在钉有镀锌铁皮的木板上铺油毡的天沟，也可采用钢筋混凝土槽形天沟板，沟内应铺设卷材防水层，并将卷材一直铺到女儿墙上形成泛水。泛水做法与卷材屋面相同。

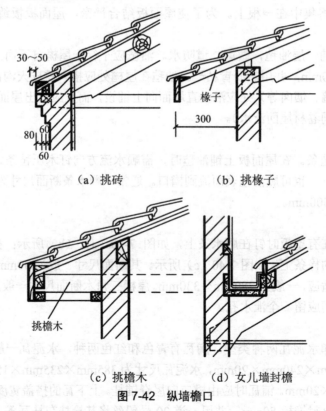

图 7-42 纵墙檐口

② 山墙檐口

山墙檐口有硬山与悬山两种做法。硬山檐口的做法是将山墙升起形成女儿墙包住檐口，并在女儿墙与屋面交接处做泛水处理。可用砂浆粘贴小青瓦做泛水，也可用水泥石灰麻刀抹成泛水，如图 7-43 所示。

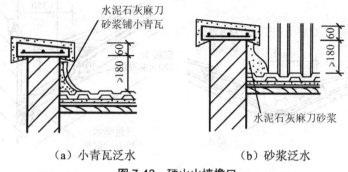

图 7-43 硬山山墙檐口

悬山檐口的做法是将檩条悬挑的屋面超出山墙，檩条端部需用木板封檐，并在封檐板与平瓦屋面的交接处，用 1∶2.5 的水泥砂浆将瓦与封檐板封固，如图 7-44 所示。

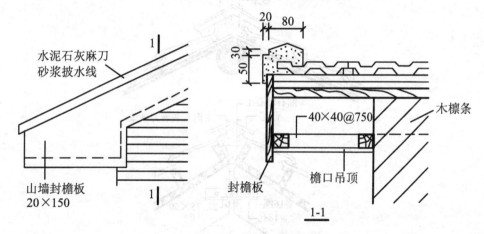

图 7-44 悬山山墙檐口

（2）天沟

坡屋顶的天沟在两个坡面相交处或与坡面交接处。天沟应有足够的断面积，上口宽度不应小于 300mm，深度不应小于 150mm。在沟内，一般在木天沟板上铺镀锌铁皮，并伸入瓦片下面至少 150mm。若为女儿墙天沟，则沟内防水层应延伸至立墙上形成泛水。由于坡屋顶天沟底面是倾斜的，故称此种天沟为斜天沟。天沟构造做法如图 7-45 所示。

（3）屋脊

两个倾斜的屋面相交在最高处形成屋脊。平瓦应由檐口向屋脊铺挂，在屋脊处用脊瓦搭盖，通常用 1∶3 的水泥砂浆或水泥石灰麻刀砂浆嵌固脊瓦，如图 7-46 所示。

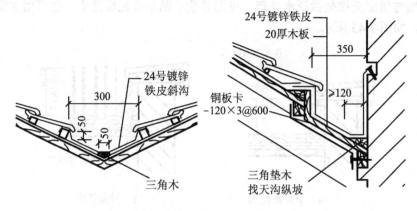

(a)三角形天沟（双跨屋面）　　(b)女儿墙天沟

图 7-45　天沟构造

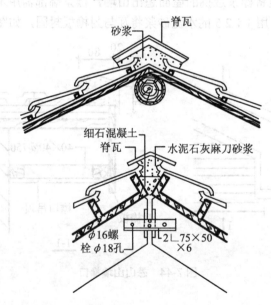

图 7-46　屋脊构造

二、新型瓦屋面构造

瓦屋面除了普通水泥平瓦屋面外，还有彩色水泥瓦屋面、小青瓦屋面、金属瓦屋面、彩色压型钢板波形瓦屋面、石板瓦屋面、玻璃钢瓦屋面、玻璃钢轻质波形瓦屋面、琉璃瓦屋面、彩色油毡瓦屋面、阳光板拱形屋面等多种类型。下面分别简单介绍其构造。

（一）彩色水泥瓦屋面

彩色水泥瓦的外形尺寸为 420mm×330mm，颜色有玛瑙红、素烧红、金橙黄、翠绿、孔雀蓝、古岩灰、仿珠黑等。这种瓦适用于坡度在 22.5°～80° 的屋面，屋面坡度最小不宜小于 17.5°。当屋面坡度在 22°～35° 时，檐口瓦应用钉子固定，上部瓦根据地区风力大小决定钉子的间距，底部用挂瓦条或 $\phi2$ 双股铜丝绑扎；当屋面坡度在 35°～55° 时，每块瓦都必须用钉子钉牢；当屋面坡度在 55° 以上时，除钉接外，还应用搭扣勾牢。彩色水泥瓦屋面的构造如图 7-47 所示，檐口处应设 ∟50×4 角钢挡（防保温层下滑），并用胀管固定在屋面板上。

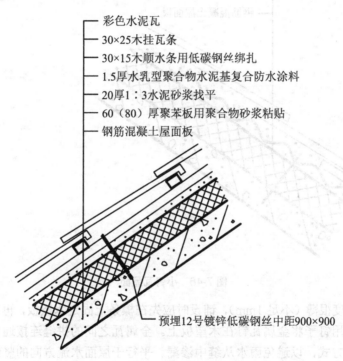

图 7-47 彩色水泥瓦屋面的构造

（二）小青瓦屋面

小青瓦有底瓦、盖瓦、筒瓦、滴水瓦、谷瓦等。小青瓦在多雨地区使用时，底瓦和盖瓦应搭七露三，在一般地区则应搭六露四。小青瓦屋面构造如图 7-48 所示。

（三）金属瓦屋面

金属瓦屋面是用镀锌铁皮或铝合金瓦做防水层的一种屋面，金属瓦屋面自重轻、防水性能好、使用年限长，主要用于大跨度建筑的屋面。

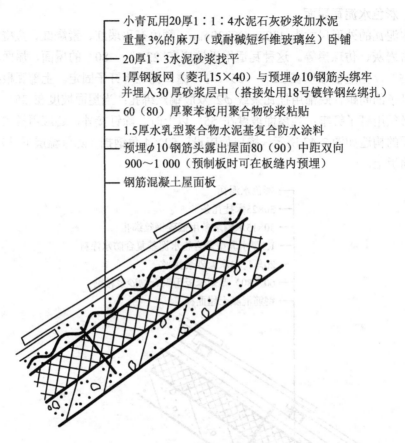

图 7-48 小青瓦屋面

金属瓦的厚度很薄（不足 1mm），铺设时应先在檩条上固定木望板，再在木望板上干铺一层油毡，然后用钉子将金属瓦钉在木望板上。金属瓦之间的拼缝连接通常采取相互交搭卷折成咬口缝的方式，以避免雨水从缝中渗漏。平行于屋面水流方向的竖缝也应做成咬口缝，但上下两排瓦的竖缝应彼此错开；垂直于屋面水流方向的横缝应采用平咬口缝。平咬口缝又分为单平咬口缝和双平咬口缝，后者的防水效果优于前者，当屋面坡度小于或等于 30% 时，应采取双平咬口缝；大于 30% 时可采用单平咬口缝。为了使立咬口缝能竖直起来，应先在木望板上钉铁支脚，然后将金属瓦的边折卷固定在铁支脚上。当采用铝合金瓦时，支脚和螺钉均应采用铝制品，以免发生电化腐蚀。金属瓦屋面瓦材拼缝形式如图 7-49 所示。所有的金属瓦必须相互连通导电，还应与避雷针或避雷带连接。

（四）彩色压型钢板波形瓦屋面

彩色压型钢板屋面简称彩板屋面。彩板主要采用螺栓连接，所以不受季节影响。彩板色彩绚丽，质感好，大大增强了建筑的艺术效果。彩板除用于平直坡面的屋顶外，还可根据造型与结构形式的需要，在曲面屋顶上使用。

彩色压型钢板厚度一般为 0.4mm～0.8mm，断面有 V 型、长平短波和高低波等多种形式。其中彩色压型钢板波形瓦用 0.5mm～0.8mm 厚镀锌钢板冷压成仿水泥瓦外形的大瓦，横向搭接后中距 1 000mm，纵向搭接后最大中距为 400mm，挂瓦条中距 400mm。这种瓦采用自攻螺钉或拉铆钉固定于 Z 型挂瓦条上，中距 500mm。彩色压型钢板波形瓦屋面构造如图 7-50 所示。

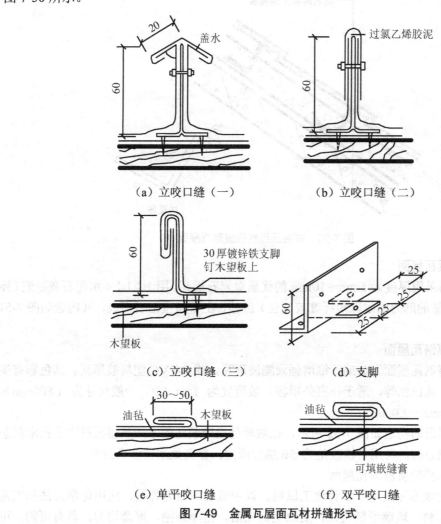

图 7-49 金属瓦屋面瓦材拼缝形式

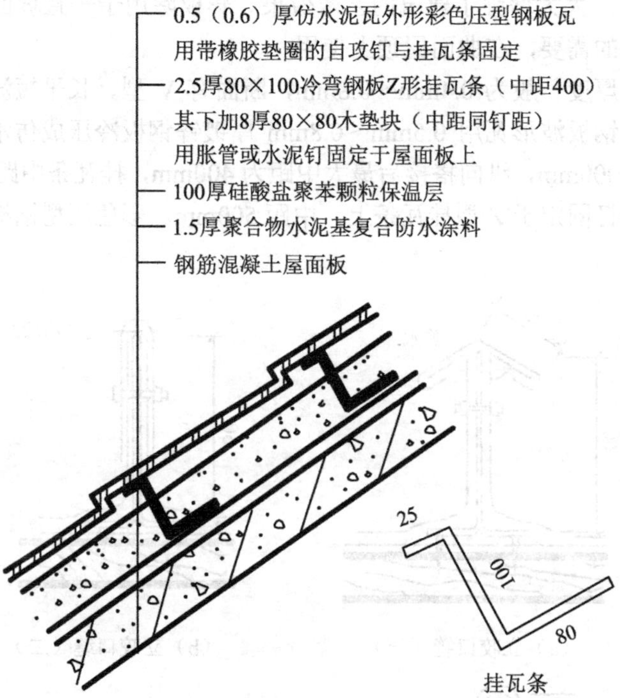

0.5（0.6）厚仿水泥瓦外形彩色压型钢板瓦
用带橡胶垫圈的自攻钉与挂瓦条固定
2.5厚80×100冷弯钢板Z形挂瓦条（中距400）
其下加8厚80×80木垫块（中距同钉距）
用胀管或水泥钉固定于屋面板上
100厚硅酸盐聚苯颗粒保温层
1.5厚聚合物水泥基复合防水涂料
钢筋混凝土屋面板

挂瓦条

图 7-50　彩色压型钢板波形瓦屋面

（五）石板瓦屋面

石板瓦屋面采用厚度为 5mm～10mm 的优质页岩石板瓦，用 1∶1∶4 水泥石灰砂浆（掺入约 3%水泥重量的麻刀或耐碱短纤维玻璃丝）卧铺，上下搭接错缝而成，其构造如图 7-51 所示。

（六）玻璃钢瓦屋面

常见的玻璃钢瓦屋面为玻璃纤维增强聚酯波形瓦，或 R-PVC 塑料波形瓦。其色彩有淡蓝色、淡绿色、乳白色等，适于作室外罩棚。坡度宜为 1/6～1/2。一般尺寸为 1 800mm×720mm，厚 1.0mm～2.0mm。

玻璃钢瓦屋面的构造如图 7-52 所示，在坡峰处用带胶垫的木螺丝将瓦材固定在木檩条上。若采用钢檩条时，可用带橡胶垫的 $\phi 6$ 螺栓固定，穿孔处用密油膏封严。

（七）琉璃型轻质波形瓦屋面

琉璃型轻质波形瓦是用十多种化工原料，以中碱玻织布为骨架，应用化学方法加工而成的复合建筑材料。琉璃型轻质瓦，质地坚韧光洁，色泽鲜艳，厚薄均匀，具有可割、可钉、防火、防腐、耐老化、吸水率低等特点，克服了铁瓦、石棉瓦、玻璃钢瓦的缺点，适用于厂房、仓库及棚廊。

常见琉璃型轻质波形瓦的尺寸有：1 800mm×720mm×5mm（小波瓦）、1 800mm×745mm×6mm（中波瓦）等，其构造做法与玻璃钢瓦屋面相同。

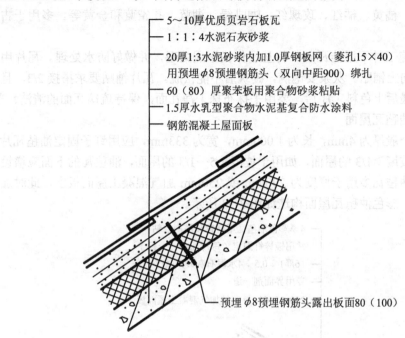

图 7-51　石板瓦屋面

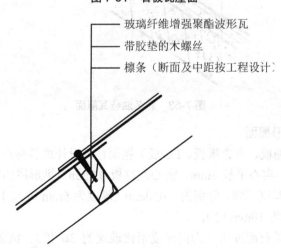

图 7-52　玻璃钢瓦屋面

（八）琉璃瓦屋面

琉璃瓦即彩釉陶瓷瓦，分平瓦和筒瓦两类。平瓦有 S 形瓦、平板瓦、波形瓦及空心瓦等，色彩有铬绿、橘黄、橘红、玫瑰红、咖啡绿、湖蓝、孔雀蓝和金黄等。多用于古建园林及建筑坡屋面。

琉璃瓦屋面施工时不用挂瓦条，将基层作找平层处理，并做好防水处理。瓦片用水泥浆座垫，由檐口向上铺贴。灰浆要饱满，砌筑后不能松脱。瓦片铺贴要求搭接 2/3，且要求平直。完工后及最后上色料工序后，要用干抹布抹干净瓦面，保持琉璃瓦面的清洁、光亮。

（九）彩色油毡瓦屋面

彩色油毡瓦一般厚为 4mm，长为 1 000mm，宽为 333mm，应用钉子固定油毡瓦片。这种瓦适用于屋面坡度≥1/3 的屋面，如用于坡度 1/5～1/3 的屋面，油毡瓦的下面应增设有效的防水层。彩色油毡瓦多用于厚度为 200mm 或 250mm 加气混凝土屋面板上，此时加气混凝土兼做保温层。彩色油毡瓦屋面构造如图 7-53 所示。

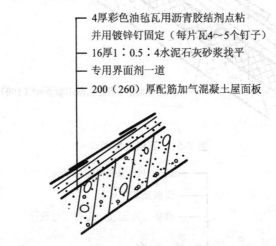

图 7-53 彩色油毡瓦屋面

（十）阳光板拱形屋面

阳光板（即聚碳酯板、卡普隆板、PC 板）屋面，可设计成各种形式。阳光板的厚度为：空心板 4mm～10mm，实心平板 3mm，实心波纹板 0.8mm。拱形屋面的弧度由设计人确定，但其最小弯曲半径依厚度不同，分别为 1 050mm（厚度为 6mm 时）、1 400mm（厚度为 8mm 时）、1 750mm（厚度为 10mm 时）。

阳光板拱形屋面具有耐冲击（为同厚度钢化玻璃的 30 倍）、抗紫外线、抗老化、透光率较高（为玻璃的 86%）、重量轻（为同厚度玻璃的 1/12）、防结露、阻燃、防火性好、可冷弯、可切割、适应各种断面形式等特点。因此，适用于拱廊、门头、罩棚、展览廊、温室、游泳池、休息廊、站台棚等。

其构造做法如图 7-54 所示。

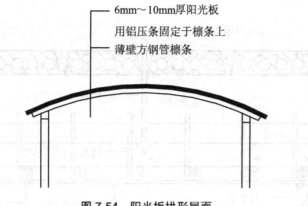

- 6mm～10mm厚阳光板
- 用铝压条固定于檩条上
- 薄壁方钢管檩条

图 7-54　阳光板拱形屋面

第七节　吊顶棚构造

为了遮挡屋顶结构和设备管道，美化室内环境，改善采光条件，提高屋顶的保温隔热能力，增进室内音质效果，常在屋顶或楼板结构层下面做悬吊顶棚，其重量由屋顶（或楼板）结构承担。设计吊顶时应注意：(1) 用来遮挡各种设备管道的吊顶应有足够的净空高度；(2) 有音质要求的房间吊顶应根据音质要求确定其形状和材料；(3) 吊顶的耐火极限应满足防火规范的规定；(4) 吊顶应结合室内装修统筹设计；(5) 吊顶应便于维修隐藏在吊顶内的各种装置和管线；(6) 吊顶应便于施工。

一、吊顶的构造组成

吊顶一般由龙骨和面层两部分组成。

（一）吊顶龙骨

吊顶龙骨分为主龙骨与次龙骨。主龙骨为吊顶的承重结构，次龙骨则是吊顶的基层。主龙骨通过吊筋或吊件固定在屋顶（或楼板）结构上，用同样的方法将次龙骨固定在主龙骨上，如图 7-55 所示。

龙骨可用木材、轻钢、铝合金等材料制作。主龙骨断面比次龙骨大，间距通常为 1m 左右。悬吊主龙骨的吊筋为 $\phi 8 \sim \phi 10$ 钢筋，间距也是 1m 左右。次龙骨间距不宜太大，一般为 300mm～600mm。

（二）吊顶面层

吊顶面层分为抹灰面层和板材面层两大类。抹灰面层为湿作业施工，费工费时。板材面层既可加快施工速度,又容易保证施工质量。吊顶所用板材有植物板材、矿物板材、金属板材等。

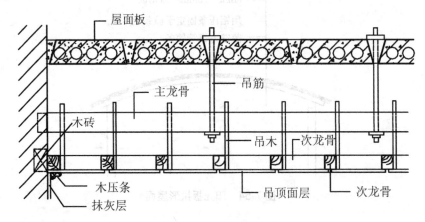

图 7-55 吊顶的构造组成

二、抹灰吊顶构造

抹灰吊顶的龙骨可用木或型钢制作。当采用木龙骨时,主龙骨断面宽 60mm～80mm,高 120mm～150mm,中距约 1m。次龙骨断面一般为 40mm×60mm,中距 400mm～500mm,并用吊木固定于主龙骨上。当采用型钢龙骨时,主龙骨选用槽钢,次龙骨用角钢(∟20mm×20mm×3mm),间距同上。

抹灰面层有板条抹灰、板条钢板网抹灰、钢板网抹灰等几种做法。

- 板条抹灰一般采用木龙骨,这种顶棚是传统做法,构造简单,造价低,但抹灰层受到干缩或结构变形的影响,很容易脱落,且不防火。
- 板条钢板网抹灰是在前一种顶棚的基础上加钉一层钢板网,以防止抹灰层的开裂脱落。
- 钢板网抹灰一般采用钢龙骨,钢板网固定在钢筋上,如图 7-56 所示。这种做法未使用木材,可以提高顶棚的防火性、耐久性和抗裂性,多用于公共建筑的大厅顶棚和防火要求较高的建筑。

三、木质板材吊顶构造

木质板材吊顶有胶合板、硬质纤维板、软质纤维板、装饰吸音板、木丝板、刨花板等吊顶,其中采用最多的是胶合板和纤维板吊顶。植物板材吊顶的优点是施工速度快,为干作业,故比抹灰吊顶应用广。

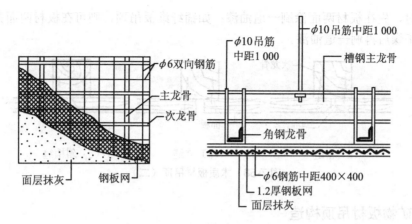

图 7-56 钢板网抹灰吊顶

这种吊顶龙骨一般用木材制作,龙骨布置成格子状,如图 7-57 所示。分格大小应与板材规格相协调,如胶合板的规格为 915mm×1 830mm,1 220mm×1 830mm,硬质纤维板的规格为 915mm×1 830mm,1 050mm×2 200mm 或 1 150mm×2 350mm,龙骨的间距最好采用 450mm。

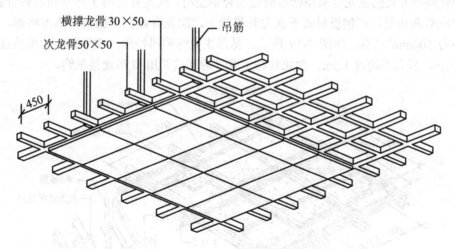

图 7-57 木质板材吊顶(一)

为了防止植物板材因吸湿而产生凹凸变形,面板宜锯成小块板铺钉在次龙骨上。板块接头必须留 3mm~16mm 的间隙作为预防板面翘曲的措施。板缝缝形根据设计要求可做成密缝、立缝、斜槽缝等形式,如图 7-58 所示。

胶合板应采用较厚的一夹板而不宜用三夹板,以防翘曲变形。如果选用纤维板则宜用硬质纤维板。为了提高植物板材的吸湿能力,可在面板铺钉前进行表面处理。例如,铺胶合板吊顶时，先在板材两面涂刷一道油漆；如铺纤维板吊顶，则可在板材两面先涂刷一道猪血，待干燥后再刷一道油漆。

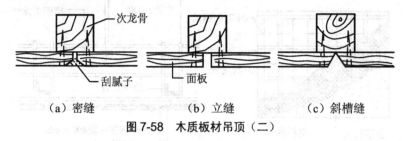

（a）密缝　　　　　　　（b）立缝　　　　　　　（c）斜槽缝

图 7-58　木质板材吊顶（二）

四、矿物板材吊顶构造

矿物板材吊顶常用石膏板、水泥板、矿棉板等板材作面层，用轻钢或铝合金型材作龙骨。这类吊顶的优点是自重轻、施工安装快、无湿作业，耐火性能优于植物板材吊顶和抹灰吊顶，故在公共建筑和高级工程中应用较广。

轻钢和铝合金龙骨的布置有龙骨外露和不露龙骨两种方式。

龙骨外露方式的主龙骨采用槽形断面的轻钢型材，次龙骨采用 T 形断面的铝合金型材。次龙骨应双向布置，矿物板材置于次龙骨翼缘上，次龙骨露在顶棚表面成方格形，方格边长大小为 500mm 左右，如图 7-59 所示。悬吊主龙骨的吊挂件为槽形断面，吊挂点间距为 0.9m～1m，最大不超过 1.5m。次龙骨与主龙骨的连接采用 U 形连接吊钩。

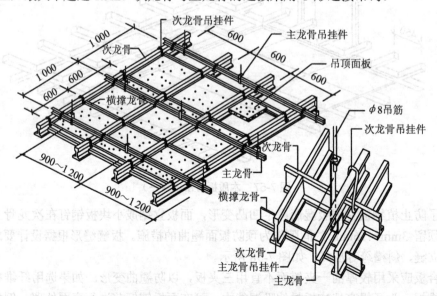

图 7-59　矿物板材吊顶（龙骨外露方式）

不露龙骨方式的主龙骨仍采用槽形断面的轻钢型材，但次龙骨采用 U 形断面轻钢型材。用专门的吊挂件将次龙骨固定在主龙骨上，面板用自攻螺钉固定于次龙骨上，如图 7-60 所示。

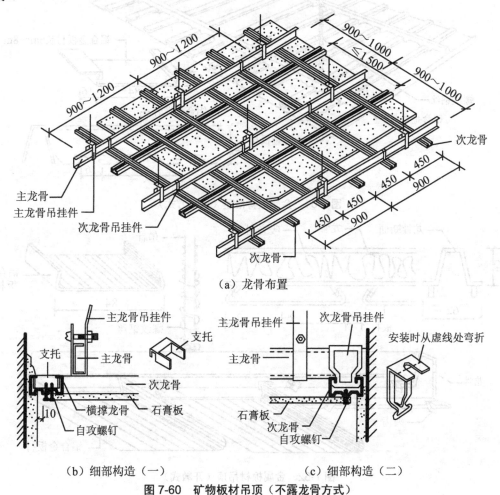

图 7-60 矿物板材吊顶（不露龙骨方式）

五、金属板材吊顶构造

金属板材吊顶通常用铝合金条板作面层，龙骨则采用轻钢型材。当吊顶无吸音要求时，条板采取密铺方式，不留间隙，如图 7-61 所示。当吊顶有吸音要求时，条板上面需加铺吸音材料，而且条板之间也应留出一定的间隙，以便投射到顶棚的声音能在间隙处被吸音材料所吸收，如图 7-62 所示。

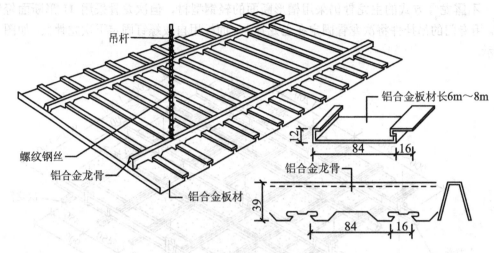

图 7-61　金属板材吊顶（密铺方式）

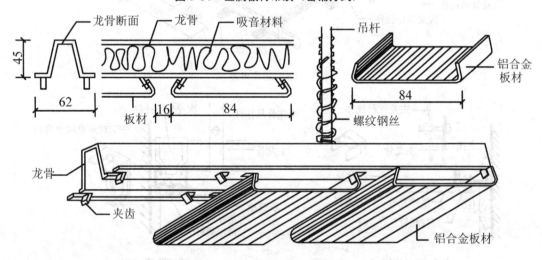

图 7-62　金属板材吊顶（开敞式）

第八节　屋顶保温与隔热

屋顶作为外围护结构，不但要有遮风避雨功能，还应有保温与隔热功能。在寒冷地区或装有空调设备的建筑中，为了增加屋顶的热阻，需要在屋顶中增加保温层，将屋顶设计成保温屋顶；而炎热地区的建筑屋面应采取适当的构造措施来解决屋顶的隔热和降温问题。

一、屋顶保温

屋顶保温材料一般为轻质多孔材料，常用的有膨胀蛭石（粒径 3mm～15mm）、膨胀珍珠岩、炉渣和水渣（粒径为 5mm～40mm）、矿棉等松散保温材料，以及加气混凝土板、泡沫混凝土板、膨胀珍珠岩板、膨胀蛭石板、矿棉板、岩棉板、泡沫塑料板、木丝板、刨花板、甘蔗板等整体保温材料。

（一）平屋顶保温构造

平屋顶因其屋面坡度平缓，适合将保温层放在屋面结构层上。保温层通常放在防水层之下、结构层之上，如图 7-63 所示。因为保温层强度较低，表面不够平整，故在其上必须找平后才能铺防水层。又因为冬季室内温度高于室外，热气流从室内向室外渗透，空气中的水蒸气随着热气流上升，并从屋面板的孔隙渗透进保温层，会大大降低保温效果。同时窝存于保温材料中的水遇热后转化为蒸汽，体积膨胀会造成油毡防水层起鼓甚至开裂，故在保温层下面应设隔气层。通常用一毡二油做隔气层。

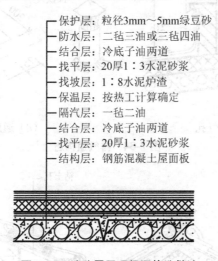

图 7-63 油毡平屋顶保温构造做法

当由于施工原因使保温层中残留一部分水汽且无法散去时，需要在保温层中设排汽道。排汽道内可用大粒径炉渣填塞，同时在找平层内也需相应留槽作排汽道，并在其上干铺一层油毡条，用沥青胶单边点贴覆盖。排汽道在整个层面应纵横贯通，并应与大气连通的排气孔相通，如图 7-64 所示。

（二）坡屋顶保温构造

在一般的小青瓦屋面中，可在基层上铺一层厚厚的粘土麦草泥作为保温层，如图 7-65（a）

所示。在平瓦屋面中，可将保温材料填充在檩条之间，如图7-65（b）所示。在设有吊顶的坡屋顶中，常常将保温层铺设在顶棚上面，可起到保温和隔热双重作用，如图7-65（c）所示。

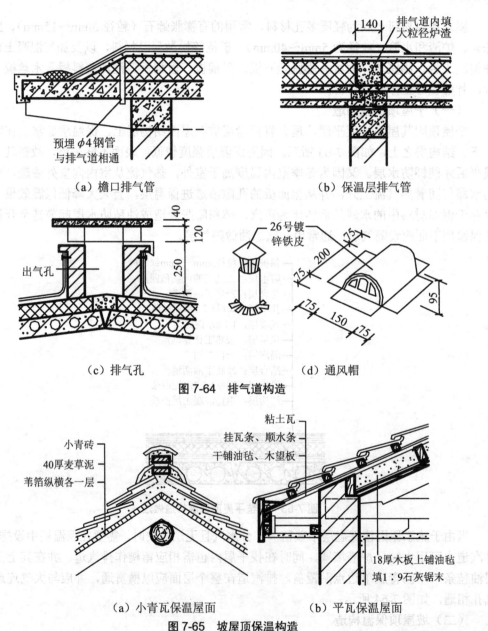

图 7-64　排气道构造

图 7-65　坡屋顶保温构造

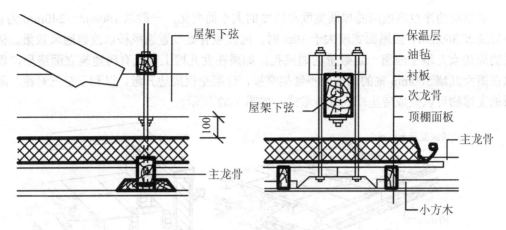

（c）保温顶棚构造

图 7-65 坡屋顶保温构造（续）

二、屋顶隔热

常用的隔热做法有屋顶间层通风隔热、屋顶蓄水隔热、屋顶植被隔热、屋顶反射阳光隔热等。

（一）屋顶通风隔热

通风隔热就是在屋顶设置架空通风间层，通常有架空通风隔热间层和顶棚通风间层两种类型。

架空通风隔热间层设于屋面防水层上，架空层内的空气可以自由流通。架空通风层通常用砖、瓦、混凝土等材料及其制品制作，如图 7-66 所示，其中最常用的是砖墩架空混凝土板（或大阶砖）通风层。

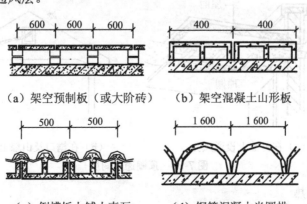

（a）架空预制板（或大阶砖）　　（b）架空混凝土山形板

（c）倒槽板上铺小青瓦　　（d）钢筋混凝土半圆拱

图 7-66 架空通风隔热

架空层的净空高度应随屋面宽度和坡度的大小而变化，一般以180mm～240mm为宜，不宜超过360mm。当屋面宽度大于10m时，应在屋脊处设置通风桥以改善通风效果。架空层的周边女儿墙上应留一定数量的通风孔。如果在女儿墙上开孔有碍建筑立面造型，也可以在离女儿墙500mm宽的范围内不铺架空板，让架空板周边开敞，以利于空气对流。隔热板的支撑物可以做成砖垄墙式或砖墩式，如图7-67所示。

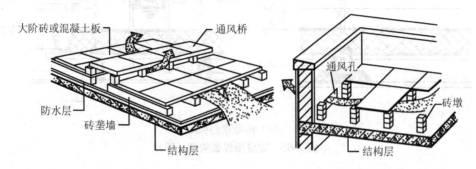

(a) 架空隔势小板与通风桥　　　(b) 架空隔热小板与通风孔

图7-67　通风桥与通风孔

顶棚通风间层是利用顶棚与屋面间的空间做通风隔热层的，可以起到与架空通风层同样的作用，如图7-68所示。但必须注意：顶棚通风层应有足够的净空高度（仅作通风隔热用的空间净高一般为500mm左右）；在顶棚通风间层周边应设置一定数量的通风孔，通风孔须采取防止雨水飘进的措施，特别是无挑檐遮挡的外墙通风孔和天窗通风口应注意解决好飘雨问题（当通风孔不足300mm×300mm时，只要将混凝土花格靠外墙的内边缘安装即可，当通风孔尺寸较大时，可以在洞口处设百叶窗片挡雨）；还应注意解决好屋面防水层的保护问题（如炎热地区应在刚性防水屋面的防水层上涂上浅色涂料）。

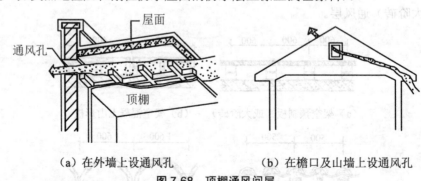

(a) 在外墙上设通风孔　　　(b) 在檐口及山墙上设通风孔

图7-68　顶棚通风间层

（二）蓄水隔热

蓄水隔热屋面是利用平屋顶所蓄积的水层来达到屋顶隔热的效果。如果在水层中养殖一些水浮莲之类的水生植物，其隔热降温的效果将会更加理想。蓄水屋面具有既能隔热又可保温，既能减少防水层的开裂又可延长屋面使用寿命等优点。

在理论上，蓄水屋面的水层深度采用 50mm 即可满足降温与保护防水层的要求，但实际比较适宜的水层深度为 150mm～200mm，中国南方部分地区也有采用 600mm～700mm 蓄水深度的屋面。为保证屋面蓄水深度的均匀，蓄水屋面的坡度不宜大于 0.5%。

蓄水屋面采用刚性防水层时应按规定做好分格缝，防水层做好后应及时养护，蓄水后不得断水。采用卷材防水层时，其做法与前述的卷材防水屋面相同，但应注意避免在潮湿条件下施工。

为了便于检修和避免水层产生过大的风浪，蓄水屋面应划分为若干蓄水区，每区的边长不宜超过 10m。蓄水区间用混凝土做成分仓壁，壁上应留过水孔，使各蓄水区的水层连通，如图 7-69（a）所示，但在变形缝的两侧应设计成互不连通的蓄水区。当蓄水屋面的长度超过 40m 时，应做一道横向伸缩缝。分仓壁可用 M10 水泥砂浆砌筑砖墙，顶部设置直径 6mm 或 8mm 的钢筋砖带，如图 7-69（b）所示。

为避免暴雨时蓄水深度过高，应在蓄水池外壁上均匀布置若干溢水孔（通常每开间约设一个）。为便于检修时排除蓄水，应在池壁根部设泄水孔（每开间约一个）。泄水孔和溢水孔均应与排水檐沟或水落管连通，如图 7-69（b）、（c）所示。

蓄水屋面四周可作女儿墙并可兼作蓄水池的仓壁。在女儿墙上应将屋面防水层延伸至墙面形成泛水，泛水的高度为 250mm～300mm，并应高出溢水孔 100mm，如图 7-69（c）所示。

蓄水屋面不仅应有排水管，一般还应设给水管，以保证水源的稳定。所有的给排水管、溢水管、泄水管均应在做防水层之前装好，并应用油膏等防水材料妥善嵌填接缝。

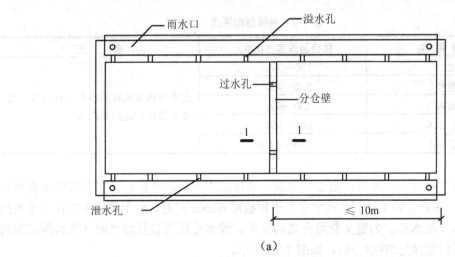

(a)

图 7-69　蓄水屋面

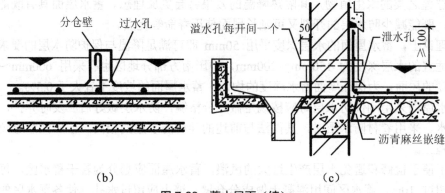

图 7-69 蓄水屋面（续）

（三）种植隔热

种植隔热是在平屋顶上种植植物，并借助栽培介质的隔热性及植物吸收阳光进行的光合作用和遮挡阳光的双重功效来达到降温隔热的目的。种植隔热根据栽培介质层构造方式的不同可分为一般种植隔热和蓄水种植隔热两类。

1．一般种植隔热屋面

一般种植隔热屋面是在屋面防水层上直接铺填种植介质，并栽培各种植物。为了不过多地增加屋面荷载，宜尽量选用轻质材料作栽培介质，常用的有谷壳、蛭石、陶粒、泥炭等，即所谓的无土栽培介质。近年来，还有以聚苯乙烯、尿甲醛、聚甲基甲酸酯等合成材料泡沫或岩棉、聚丙烯腈絮状纤维等为栽培介质的。栽培介质的厚度应满足屋顶所栽种植物正常的生长需要，选用时可参考表 7-2，但一般不宜超过 300mm。

表 7-2 种植层的深度

植物种类	种植层深度（mm）	备 注
草皮	150～300	前者为该类植物的最小生存深度，后者为最小开花结果深度
小灌木	300～450	
大灌木	450～600	
浅根乔木	600～900	
深根乔木	900～1 500	

种植床（又称苗床）可用砖或加气混凝土来砌筑床埂。床埂最好砌在下部的承重结构上，内外用 1∶3 水泥砂浆抹面，高度宜大于种植层 60mm 左右。每个种植床应在其床埂的根部至少设两个泄水孔。为避免栽培介质的流失，泄水处还需设置滤水网（塑料网或塑料多孔板、环氧树脂涂覆的铁丝网），如图 7-70 所示。

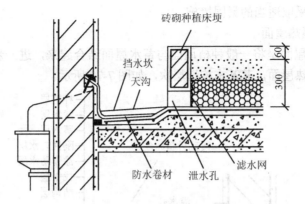

图 7-70 种植屋面构造

一般种植屋面应有一定的排水坡度（1%～3%），以便及时排除积水。通常在靠屋面低侧的种植床与女儿墙间留出 300mm～400mm 的距离，形成天沟，进行有组织排水。如采用含泥沙的栽培介质，屋面排水口处还应设挡水坎，以便沉积水中的泥沙，如图 7-71 所示。

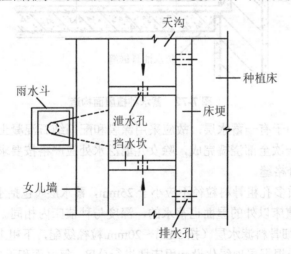

图 7-71 种植屋面的挡水坎

种植层的厚度一般都不大，为了防止久晴的天气致使苗床内的植物干枯，应在每一种植分区设一个给水阀，以便人工浇水。

种植屋面可以采用一道或多道（复合）防水层设防，但最上面一道应为刚性防水层，要特别注意对防水层的分格与防蚀处理，不应种植根系发达的（如松、柏、榕树等）植物。

种植屋面是一种上人屋面，需要经常进行人工管理（如浇水、施肥、栽种），因而屋顶四周应设女儿墙等护栏，护栏的净保护高度不应小于 1m，如屋顶栽有较高大的植物或设有藤架等设施,还应采取适当的紧固措施。

2. 蓄水种植隔热屋面

蓄水种植隔热屋面是将一般种植屋面与蓄水屋面结合起来,进一步完善其构造后所形成的一种新型的隔热屋面,其基本构造层次,如图 7-72 所示。

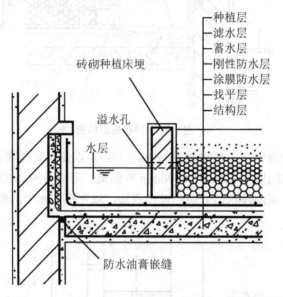

图 7-72　蓄水种植屋面构造

蓄水种植屋面由于有一蓄水层,故应采用涂膜和配筋细石混凝土来作复合防水层。屋面刚性防水层最好一次全部浇捣完成,除女儿墙泛水处应严格按要求做好分格缝外,屋面的其余部分可不设分格缝。

种植床内的轻质多孔粗骨料粒径不应小于 25mm,蓄水层(包括水和粗骨料)的深度不宜超过 60mm。种植床以外的屋面也蓄水的,深度与种植床内相同。应在粗骨料的上面铺 60mm～80mm 厚的细骨料滤水层(按 5mm～20mm 粒径级配,下粗上细地铺填)。

蓄水种植屋面应根据屋顶绿化设计用床埂进行分区,每区面积不宜大于 100m²。床埂宜高于种植层 60mm 左右,床埂底部每隔 1 200mm～1 500mm 设一个溢水孔,孔下口与水面相平。溢水孔处应铺设粗骨料或安设滤网。种植层栽培介质的堆积密度不宜大于 10kN/m²。

在蓄水层上、种植床之间应设架空板,以形成架空通道,供人在屋面上活动和操作管理之用。架空通道板应满足上人屋面的荷载要求,通常可支承在两边的床埂上。

蓄水种植屋面在构造上与一般种植屋面的主要区别是增加了一个连通整个层面的蓄水层,从而克服了一般种植屋面隔热不完整、对人工补水依赖较多等缺点,又兼具有了蓄水屋面和一般种植屋面的优点,隔热效果更佳,但相对来说造价也较高。

种植屋面不但在降温隔热的效果方面优于所有其他隔热屋面，而且在净化空气、美化环境、改善城市生态、提高建筑综合利用效益等方面都具有极为重要的意义，是一种值得大力推广应用的屋面形式。

本 章 小 结

  本章主要介绍了屋顶的类型和设计要求，设计时应考虑其功能、结构、建筑艺术三方面的要求。其中，防水是屋顶的基本要求，也是屋顶设计的核心。我国现行的《屋面工程技术规范》（GB 50345—2004）根据建筑物的性质、重要程度、使用功能要求以及防水耐久年限等，将屋面防水划分为四个等级。

  屋顶的排水设计就是对屋顶排水坡度进行选择，确定合理的排水方式。而屋顶坡度的选择和排水方式的确定，应主要根据屋面材料和当地降雨量的大小，并兼顾建筑的整体视觉效果统筹考虑。屋顶排水可分为有组织排水和无组织排水两种方式。

  屋顶的防水设计常用的做法有卷材防水屋面、刚性防水屋面、涂料防水屋面和瓦屋面。卷材防水屋面即柔性防水屋面，它是将防水卷材与粘结剂结合，并形成连续致密的防水构造层的一种屋顶。其防水层具有一定的延伸性和适应温度、振动、不均匀沉陷等因素带来的变形的能力，整体性好，不易渗漏，但施工操作较为复杂，技术要求较高，适用于防水等级为Ⅰ～Ⅳ级的屋面防水。卷材防水屋面由基本构造层（结构层、找平层、结合层、防水层、保护层）和辅助构造层（保温层、隔热层、隔蒸汽层、找坡层）组成。

  刚性防水屋面是指用防水砂浆或细石混凝土等刚性材料做防水层的屋面。刚性防水屋面的主要优点是构造简单、施工方便、造价较低；缺点是易开裂，对气温变化和屋面基层变形的适应性较差，所以不宜用于高温、有振动、基础有较大不均匀沉降的建筑，多用作我国南方地区屋面防水等级为Ⅲ级的防水层，或用作屋面防水等级为Ⅰ、Ⅱ级的多道防水层中的一道防水层。

  涂膜防水屋面是将防水材料刷在屋面基层上，利用涂料干燥并固化以后形成的不透水薄膜来达到防水目的的屋面。涂膜防水主要适用于防水等级为Ⅲ、Ⅳ级的防水屋面，也可用作Ⅰ、Ⅱ级防水屋面的多道防水设防中的一道防水层。

  瓦屋面一般是在屋面基层上铺盖各种瓦材，利用瓦材的相互搭接来防止雨水渗漏。瓦屋面按屋面基层的组成方式分为无檩体系和有檩体系两种构造方式。

  为了遮挡屋顶结构和设备管道，美化室内环境，改善采光条件，提高屋顶的保温隔热能力，增进室内音质效果，常在屋顶或楼板结构层下面做悬吊顶棚，其重量由屋顶（或楼板）结构承担。吊顶一般由龙骨和面层两部分组成。龙骨可用木材、轻钢、铝合金等材料制作。吊顶面层分为抹灰面层和板材面层两大类。抹灰面层为湿作业施工，费工费时。板材面层既可加快施工速度，又容易保证施工质量。吊顶所用板材有植物板材、矿物板材、金属板材等。

屋顶保温材料一般为轻质多孔材料，常用的有膨胀蛭石（粒径 3mm～15mm）、膨胀珍珠岩、炉渣和水渣（粒径为 5mm～40mm）、矿棉等松散保温材料，以及加气混凝土板、泡沫混凝土板、膨胀珍珠岩板、膨胀蛭石板、矿棉板、岩棉板、泡沫塑料板、木丝板、刨花板、甘蔗板等整体保温材料。屋顶隔热常用的做法有屋顶间层通风隔热、屋顶蓄水隔热、屋顶植被隔热、屋顶反射阳光隔热等。

思考与讨论

1. 屋顶的设计要求主要包括哪些内容？
2. 影响屋顶坡度的因素有哪些？
3. 屋顶坡度的形成方法有哪些？
4. 绘图说明卷材防水屋面的组成。
5. 绘制卷材防水屋面泛水构造图。
6. 绘制女儿墙泛水构造图。

下 篇

- ❖ 第八章　房屋维护管理概论
- ❖ 第九章　房屋建筑的查勘与鉴定
- ❖ 第十章　房屋基础与结构的维护
- ❖ 第十一章　楼地面维护
- ❖ 第十二章　防水工程维护
- ❖ 第十三章　门窗与装饰工程维护

第八章 房屋维护管理概论

学习目标

1. 了解房屋维护的概念、内容和分类；理解房屋维护的重要意义。
2. 了解房屋维修管理的内容、房屋维修工作的一般程序。
3. 了解房屋养护的内容。

导言

对人类而言，建筑是保护人们健康与生命安全的一条极为重要的防线，在避风雨、防虫兽、抗地震、御寒暑等方面发挥了重要的作用，且随着房屋建筑维修与养护技术的发展和进步，房屋的防卫能力也在不断增强。在房地产开发、物业管理等领域，一个最基本的共识是：以科学、经济、适用与美观的原则对房屋建筑进行维修与养护，是充分发挥房屋建筑功能的基本要求，也是人类创造幸福生活的条件之一。

第一节 房屋维护的含义与意义

房屋是城市的主要构成部分，是城市人民从事生活、生产等各类活动必不可少的物质条件，是城市社会的巨大财富，同时它具有保值增值的特性，而这种保值增值又是以搞好房屋维修管理为前提的。因此在物业管理中，房屋维护是主体工作和基础性工作，是衡量物业管理水平的最为重要的指标。

一、房屋维护的含义与分类

（一）房屋维护的含义

房屋维护是房屋维修与养护的简称，也被称为房屋修缮。房屋维修是房屋建成后维持其使用功能和物质价值的必要管理手段。它贯穿于房屋建造、使用直至报废的物质运动全过程。广义的房屋维修包括维修工程、改造工程、翻建工程三种类型。房屋养护则指对材料或结构构件、配件采取保护措施，使其免受恶劣环境的直接作用。房屋维护在特殊情况下还涉及房屋改造问题。房屋改造是指对旧的建筑或结构、构件等进行改建，使其适应新的形势和需要。

人们从开始建造房屋时，就必须考虑如何使房屋适用、坚固、耐久和经济，便于建成后保养和维修管理，还应考虑房屋在使用期间如何防止损耗并修复缺陷，怎样对旧有房屋改造更新并使之适应社会发展需要。

（二）房屋维护的内容和分类

房屋维护的具体内容和分类取决于房屋的损坏范围、损坏程度和对维修的要求。

1. 按房屋维修的部位划分

按房屋维修的部位可分为结构修缮工程和非结构修缮工程。结构修缮工程指对房屋的基础、梁、板、柱、承重墙等主要承重构件进行的维修和养护，恢复和确保房屋的安全性是结构修缮的重点；非结构修缮工程指对房屋的非承重墙、门窗、装饰、附属设施等非结构部分的维修与养护，它可以延续房屋的适用性，同时对房屋的结构部分也有良好的防护作用。

2. 按房屋维修规模的大小划分

按房屋维修规模的大小可分为翻修工程、大修工程、中修工程、小修工程和综合维修工程。

凡需全部拆除、另行设计、重新建造的工程均称为翻修工程。翻修工程应尽量利用旧料，其费用应低于该建筑物在同类结构情况下的新建造价。翻修后的房屋必须符合完好房屋标准的要求。翻修工程主要适用于主体结构严重损坏、丧失正常使用功能、有倒塌危险的房屋，以及因自然灾害严重破坏、不能再继续使用、无修缮价值的房屋。

凡需牵动或拆除部分主体结构，但不需全部拆除的工程均为大修工程。其一次费用在该建筑物同类结构新建造价的 25%以上。大修后的房屋必须符合基本完好或完好标准的要求。大修工程主要适用于严重损坏的房屋。例如，主体结构因自然因素受腐蚀或因火灾、地震、爆炸、台风、洪涝灾害的影响大部受损，或部分严重受损，但无倒塌危险，或局部有危险而仍要继续使用的房屋；室内外多项装修如楼面、地面、平顶、内外墙面等年久失修、严重损坏的房屋；因改善居住条件需局部改建的房屋，如抬高屋顶、平屋顶上增建坡屋顶或需在进深方向扩建等；需对主体结构进行全面抗震加固的房屋。

凡需牵动或拆换少量主体构件、但保持原房屋的规模和结构的工程均为中修工程。其一次费用在该建筑物同类结构新建造价的 20%以下。中修后的房屋 70%以上必须符合基本完好或完好标准的要求。中修工程主要适用于一般损坏房屋。例如，因少量结构构件的问题形成危险点的房屋，如拆换木梁柱或加固部分钢筋混凝土梁柱，墙体的局部拆砌或加固补强，部分楼地面结构的改换等；整幢房屋单项目的维修，如平屋面防水层的部分重做或全部重做，坡屋面木基层的大面积更换，室内外墙面装修的大面积修补或重做，所有门窗的整修、油漆或更换等。

凡以及时修复小损小坏，保持房屋原来完损等级为目的的日常养护工程均为小修工程。其综合年均费用在所管房屋现时造价的1%以下。小修工程主要适用于：坡屋面少量破损瓦片的更换，个别檩条的抽换，平屋面防水层的小面积补漏，局部天沟、部分雨水口、雨水管、镀锌铁皮斜沟的修补或更换；少量木、钢、铝合金、塑料门窗的整修，五金配件的拆补，玻璃的装配，窗纱的更换，钢木门窗的油漆；内外墙面装饰面层的小面积修补，窗台、腰线、勒脚、散水、明沟的修补，墙面小范围渗水的处理；楼地面面层的局部修补，吊顶局部破损的修复，卫生间等地面渗漏的处理；房屋查勘时发现个别危险构件、危险点的临时应急加固抢修等；对因混凝土碳化而导致少量钢筋混凝土板、梁、柱构件局部箍筋裸露或出现的微细纵向沿筋裂缝的修补等。

以上是从工程量和费用方面对房屋大修、中修、小修的界定。在维修工程的组织实施方面，它们也有区别。房屋的大修和中修一般是在房屋经过一段时期的使用，或遭受灾害的影响后，组织一定规模的人力、物力和财力在集中的一段时间内，完成房屋多项目或单项目修缮的工程。而房屋的小修具有零星特点，突出及时性和经常性。

房屋各部件（部位）由于使用各种不同的建筑材料，其强度和性能各异，损坏有先后，是不均衡的，要适应房屋各部件（部位）先后损坏的规律，从而制定合理的维修计划，实现经济效益的最大化。

由于房屋各部件（部位）的损坏有先后，而又有一些部件（部位）有在其相近时间损坏的规律性，因而维修的方式不宜是一种，而应综合采用两种或两种以上的维修方式，这样做的经济效益较好。根据维修经验，对于房屋数量大、同类型、同时期建造的房屋比较集中的情况，采用大修、中修、小修三种方式相结合较好。把及时养护小修和有计划的少数项目（或单项目）的中修与周期性全部项目（或多项目）损坏大修结合起来，形成三级维修体制。

凡对成片多幢房屋进行的一次性应修尽修（含大、中、小修）的工程为综合维修工程。其一次费用应在该片建筑物同类结构新建造价的20%以上。综合维修后的房屋必须符合基本完好或完好标准的要求。综合维修的竣工面积数量在统计时计入大修工程。

（三）房屋维修周期

通过对房屋普查完好率鉴定记录和历年维修记录的统计分析，了解各项目损坏的规律，从而确定一般项目的维修周期和全项目或多项目损坏的最佳综合性大修周期。

全项目（或多项目）综合性大修周期，一般可根据房屋的承重结构如墙体、梁、柱、构件等的损坏情况，或者根据外露部位如屋面、外墙粉刷、外门窗等的损坏情况来确定。如果以上部位有2~3项有较普遍损坏，可确定为全项目（或多项目）综合性大修工程。

一般房屋部件（部位）的损坏维修周期大致如下：

（1）瓦屋面及外墙粉刷的损坏周期取决于屋脊、泛水和外粉刷砂浆的强度和耐水性。目前一般使用水泥砂浆，维修周期为15年左右。

（2）平屋面的损坏周期取决于防水层的材料和施工质量以及水泥砂浆的强度，目前沥青油毡的防水层一般可保持5～8年，而刚性屋面防水体系其耐久年限达到20年以上。

（3）瓦屋面和平屋面的计划养护或中修，可以3年一次。

（4）外门窗计划检修及油漆保养，可以5～6年进行一次。

（5）外墙粉刷计划检修，可以5年左右进行一次。

（6）水电设备计划检修，可以6～8年进行一次。

（7）室内一般部件（部位）的计划养护、检修，可以6～8年进行一次。

各类结构房屋的维修周期，一般情况是：砖木结构房屋12～15年；砖混结构房屋15～20年；钢筋混凝土结构房屋20～25年。

二、房屋维护的意义

由于建筑所固有的技术经济特性，因此，房屋从建成之日起，就要受暴雨、酸雨、烟雾、日照、风化、严寒、地震等各种自然因素的影响，再加上一些人为的不利因素[①]，导致很多房屋竣工以后在很短时间就开始发生损坏，从而造成房屋的使用功能下降，无法满足继续使用的要求，如果是房屋的建筑结构受到破坏，还会影响到人们的生命安全。据统计，中国每年因房屋渗漏而耗费的维修费用至少为12亿元人民币，而且房屋建设从工程竣工到开始渗漏的平均年限在缩短，20世纪50年代为16年以上，70年代至今为3～5年，甚至当年就发生渗漏。所以除了重视提高工程质量外，还应高度重视房屋的维修与养护工作。

房屋维修与养护工作的重要作用表现在：（1）能维护房屋建筑部件、设施的正常使用功能，充分满足使用要求。（2）能减少和防止房屋提前损耗，增强房屋耐久性和使用完好性。（3）能恢复或改善一部分甚至大部分损坏的房屋的使用功能，合理延长房屋使用年限。（4）充分利用旧有房屋的潜力，通过对那些建筑质量较好、基础及基本构件较牢固的旧有房屋进行改造、改建或扩建，在不改变主体结构和总体外貌的情况下，使房屋的内部达到现代化的使用标准，这一点已成为世界各国城市建设发展的重要趋势。（5）维护改善城市观瞻，保留城市的特有风貌，延续建筑文化，传承历史文明。例如，加强对古建筑和历史性房屋的维修保护，并以立法规定实施就是这方面的做法。

从国际经验也可以看出重视房屋维修与养护工作的意义。20世纪70年代末期，整个西欧的建筑业受经济不景气的影响日趋萎缩，但其中旧房维修改造行业却不断发展。瑞典建

[①] 这种不利因素既包括施工过程中的粗制滥造，也包括使用过程中的人为破坏。

筑业在 20 世纪 80 年代将首要任务确定为对已有房屋进行维修和改造更新，仅 1983 年用于这方面的投资就占国内建筑业总投资的 50%。英国 1978 年的维修改造投资是 1965 年的 3.76 倍，1980 年旧房维修改造工程量占建筑工程总量的 1/3。美国劳工部则将"住所重建技师"预测为 20 年后最受欢迎的九种技术职业之一。新加坡把住房维修管理现代化作为实施"居者有其屋"计划的重要环节，认为住宅新建计划较易实现，而大量公共住宅建成后的维护管理和环境改善却是难点，所以高质量和不断改进的管理是新加坡住房建设成功的秘诀。英国里丁大学 1992 年研究资料表明：当前国际建筑业一个重要发展趋势是一个国家房屋建筑维护和修理工程占建筑总工程量的比例，将随着该国经济的发展和城市化的进程而规律性地增加，新建工程比例则会相应减少。在一些发达国家，建筑维修工程已占建筑工程总量的 1/2 左右。

房屋建筑的维修与养护是一门研究房屋损坏的发生和发展的规律、房屋损坏的鉴定与维修方法以及房屋日常养护方法的学科。研究房屋损坏的发生和发展的规律就必然要涉及地震学、化学、物理学、材料学、生物学等学科的知识和必要的检测技术；研究房屋损坏的鉴定与维修方法以及房屋日常养护方法就必然要涉及房屋构造、建筑施工、建筑结构、建筑设备、建筑电工等知识；研究房屋建筑的维修与养护还涉及房屋建筑修缮概（预）算、建筑艺术以及必要的建筑法规和物业管理法规等知识，所以说房屋维修与养护是综合运用多学科知识的一门学科，也是建筑工程、房地产开发和物业管理的重要分支。

第二节　房屋维修管理

房屋维修管理包括房屋的维修质量管理、房屋维修施工管理和房屋维修行政管理三方面的内容。房屋维修管理，应当根据地区和季节特点，与抗震加固、白蚁防治、抗洪、防风、防霉等相结合。对于文物保护建筑、古建筑和优秀近代建筑等有价值房屋的维修管理，应当按照国家有关规定进行。

一、房屋维修的工作程序

房屋维修工作的一般程序包括修缮查勘、修缮设计、工程报建、住户搬迁、维修施工、工程验收与结算、工程资料归档等几个环节。

（一）修缮查勘

修缮查勘是在对房屋损坏情况进行定期和季节性查勘的基础上，对损坏项目进行重点抽查和复核，运用观测、鉴别和测试等手段，明确损坏程度，分析损坏原因，比较不同的修缮标准和修缮方法，为确定最终修缮方案提供依据。

（二）修缮设计

修缮设计是在修缮查勘的基础上，根据修缮方案和建设部所颁布的《民用建筑修缮工程查勘与设计规程》（JGJ 117—98）等设计规程、规范，对房屋各修缮项目进行的设计。修缮设计的内容包括修缮范围、修缮方法和标准、结构处理的技术要求、修缮材料的选择、修缮施工图、修缮工程概（预）算等，并制定成设计文件。通常情况下，对维修材料的要求与对新建材料的要求是不同的，设计人员必须充分考虑维修材料与原结构材料的相容性问题，同时还要考虑材料对施工进度的影响，房屋经多长时间才能恢复使用等问题。

（三）工程报建

工程报建是将房屋修缮计划、修缮方案等上报政府的有关职能部门，取得有关职能部门的审核批准的过程。根据统计资料表明，近几年来，一些房屋业主未履行正常的报建手续，私自对房屋进行翻修改建，从而导致多起重大伤亡事故的发生。因此，履行工程报建手续是非常重要的。

（四）住户搬迁

住户搬迁是指进行房屋修缮前，安排需要迁出的住户临时搬迁。

（五）维修施工

维修施工是对房屋各需要维修项目进行的维修施工。维修施工是一项专业性很强的技术，并非任何施工单位都能胜任。为了保证修缮设计意图的全面实现，施工单位除了要具有较强的专业工程技术之外，还应有良好的社会信誉。

（六）工程验收与结算

工程验收是指修缮工程完工以后，根据修缮设计文件和国家有关的规范、标准对修缮工程进行质量检查验收。经检查质量不合格的项目要进行返修。全部工程都验收合格后，进行工程结算，即向施工单位付清工程款。

（七）工程资料归档

工程资料归档是指待房屋修缮工程完工后，将修缮工程项目的政府审批文件、工程合同、修缮设计文件、工程会审记录、维修工程变更通知、隐蔽工程验收记录等存入该房屋的技术档案之中的过程。

二、房屋维修管理的内容

房屋维修管理主要包括如下三方面内容：

（一）房屋维修质量管理

房屋维修质量管理，是指物业管理部门通过对现有房屋的质量状况进行调查与鉴定，建立房屋质量档案，编制房屋维修计划并组织实施，确保房屋能够正常发挥功能的过程。

房屋维修质量管理是一个动态的过程，重点在于抓住三个环节，一是弄清房屋质量现状;二是进行维修计划的编制;三是保证维修计划得以实施。

(二) 房屋维修施工管理

房屋维修施工管理应抓好施工前准备、施工中质量保证和竣工验收三项工作。

在施工前期准备工作阶段,房屋管理部门要准备好房屋维修工程的设计图纸及有关文件材料,向施工单位介绍应修房屋的维修项目、范围,并提出技术要求,对需维修的房屋应提前做好房屋内居住人员的搬迁工作。

在房屋维修施工阶段,要坚持按图施工,对重要部位和隐蔽工程要及时检查。要强化监督检查工作,在检查中,应抓住质量是否达到标准,病害整治是否彻底,维修后是否还留有致病因素等关键环节,发现问题要追根溯源,并加以解决。

维修工程竣工后,应先由施工单位初验。初验确认质量合格后,提交竣工资料并请求竣工验收,由工程监理单位或批准单位组织正式验收。竣工验收时,应按照国家有关规范和标准,对工程质量作出评定,并写成验收记录,凡不符合要求的,应进行翻修和补做,直到符合规定的标准和要求为止。

(三) 房屋维修行政管理

房屋维修行政管理主要是指由国家制定出的房屋维修政策、规范、标准,要求各维修单位遵照执行,如建设部制定的《房屋修缮技术管理规定》、《房屋修缮工程施工管理规定》、《房屋修缮工程质量评定标准》、《房屋完损等级评定标准》、《危险房屋鉴定标准》等。它对规范物业管理企业的房屋维修行为,调解房屋施工单位与使用单位之间的纠纷等具有重要作用。

第三节 房屋养护的要求

房屋养护工作包含房屋构配件零星损坏的日常修理、季节性养护、白蚁危害预防以及房屋使用的指导和监督等内容。房屋的养护与维修有共同的目标,就是为房屋的业主、租户服务,确保房屋在规定的年限内能正常使用。就房屋养护工作中所包含的房屋零星损坏的日常修理这一方面而言,房屋的养护与房屋的小修没有明确的界限。在小修工程中,部分属突发性的,部分属养护性的,因此要搞好养护工作就离不开日常的小修。

一、房屋的日常保养

房屋的日常养护工作主要是物业管理企业根据所掌握的房屋完损资料而安排的计划养护任务以及住(用)户的日常报修。报修的项目可能是应由物业管理企业负责管理的共有、共用的房屋结构构件和配件,也可能是住户私有自管的房屋配件、设施,但大多是住(用)

户无力修理而委托的项目。

二、房屋的季节性预防养护

（一）台风、汛期来临之前对房屋的养护

台风和汛期来临之前，物业管理人员要对房屋加强检查并采取必要的防范措施，如对于高层建筑，必须检查避雷系统的有效性，检查屋顶设施的钢支架的锈蚀程度和连接构造情况，检查连接螺栓，检查有无松动、脱焊、危险的构件。对于排架结构的单层厂房，应注意检查天窗挡风支架、端板、天窗支架的支撑系统及天窗框扇的损坏情况。对于住宅小区和厂区，应检查房屋散水、明沟及半地下室的采光井的排水状况，防止房屋四周地坪积水危害房屋基础，以及地面水灌入地下室或对底层墙体造成侵蚀。对于各类房屋均应检查屋面防水层：各防水细部构造有无损坏，屋面的排水口是否畅通，落水管是否残缺。在汛期到来之前及时修补小面积的渗漏，配齐落水管，拆除不利屋面防水、排水的违章建筑。还应检查外墙勒脚、墙裙、墙面及高空的檐口、阳台栏板的粉刷层。凡发现严重空鼓、脱落之处，应在汛期前及时修补，防止墙体粉刷层损坏面积的扩大，造成墙体渗水或高空粉刷层碎块坠落伤人。

（二）防冻

冬季来临前应做好以下几项工作：

（1）做好屋顶水箱进水管道及室外给水管道的防冻包扎。

（2）对于朝北的厕浴间、盥洗室，应注意关闭窗户，及时配齐残缺的玻璃，防止水管冻裂造成大量流水涌出，危害墙体、楼面。

（3）在冬季到来之前，做好外墙抹灰及其他装饰面层的整修，防止破损面层因渗水、存水，而进一步产生冻胀破坏。

（4）清理屋面天沟、雨水口的垃圾，确保积雪融水的顺利排泄。

三、白蚁危害预防

白蚁是一种危害性很大的昆虫，尤其在华东、华南及西南地区更应注意这方面的问题。这些地区由于气候温和、雨水充沛、气温高，很适宜白蚁的生长繁殖。由于白蚁的破坏活动非常隐蔽，不易为人所发现，所以往往是等到发现时，白蚁已对房屋建筑造成了损害。白蚁危害轻者造成房屋室内装修、设施的损坏，重者导致结构构件丧失承载能力，危及房屋安全。因此，物业管理部门应高度重视对白蚁的防治工作。

四、对房屋使用的指导和监督

为了使房屋能得到有效的养护，房屋维修人员除了要尽心尽责地做好各项养护检查和小修小补外，还应对房屋使用情况进行指导和监督。为了使广大住户了解正确使用住房的知识，国家建设部已在全国推广《住宅质量保证书》和《住宅使用说明书》。物业管理人员应加大监督检查力度，坚决制止一些用户随意改变房间用途、随意拆除房屋结构构件的行为，确保房屋结构的安全和正常使用。

本 章 小 结

在物业管理中，房屋维护是主体工作和基础性工作，是衡量物业管理水平的最为重要的指标。房屋维护是房屋维修与养护的简称，也被称为房屋修缮。房屋维修是房屋建成后维持其使用功能和物质价值的必要管理手段。它贯穿于房屋建造、使用直至报废的物质运动全过程。广义的房屋维修包括维修工程、改造工程、翻建工程三种类型。房屋养护则指对材料或结构构件、配件采取保护措施，使其免受恶劣环境的直接作用。

房屋维修，按房屋维修的部位可分为结构修缮工程和非结构修缮工程，按房屋维修规模的大小可分为翻修工程、大修工程、中修工程、小修工程和综合维修工程。各类结构房屋的维修周期，一般情况是：砖木结构房屋12~15年，砖混结构房屋15~20年，钢筋混凝土结构房屋20~25年。

房屋维修与养护工作的重要作用表现在：(1)维护房屋建筑部件、设施的正常使用功能，充分满足使用要求。(2)减少和防止房屋提前损耗，增强房屋耐久性和使用完好性。(3)恢复或改善一部分甚至大部分损坏的房屋的使用功能，合理延长房屋使用年限。(4)充分利用旧有房屋的潜力，通过对那些建筑质量较好、基础及基本构件较牢固的旧有房屋进行改造、改建或扩建，在不改变主体结构和总体外貌的情况下，使房屋的内部达到现代化的使用标准。(5)维护改善城市观瞻，保留城市的特有风貌，延续建筑文化，传承历史文明。

房屋维修管理包括房屋的维修质量管理、房屋维修施工管理和房屋维修行政管理三方面的内容。房屋维修工作的一般程序包括修缮查勘、修缮设计、工程报建、住户搬迁、维修施工、工程验收与结算、工程资料归档等几个环节。

房屋养护工作包含房屋构配件零星损坏的日常修理、季节性养护、白蚁危害预防以及房屋使用的指导和监督等内容。房屋的养护与维修有共同的目标，就是为房屋的业主、租户服务，确保房屋在规定的年限内能正常使用。

思考与讨论

1. 房屋维修与养护工作的重要作用有哪些？
2. 维修养护工作的工作程序包括哪些内容？
3. 房屋大、中、小修主要包括哪些内容？
4. 房屋防冻养护主要指哪些内容？
5. 试述加强房屋维修与养护工作的必要性。

第九章 房屋建筑的查勘与鉴定

学习目标

1. 了解房屋查勘的内容和方法。
2. 了解房屋完损等级的分类、评定标准与评定方法。
3. 了解危险房屋的分类、鉴定程序与鉴定方法。

导言

要做好房屋的维修养护工作,就必须对所管辖的房屋质量做到心中有数,这样就需要对房屋的完损状况进行查勘和鉴定。通过查勘鉴定来监控房屋结构技术状况,及时发现问题,以便采取必要的维护和修缮措施,确保房屋的正常和安全使用,做到"建好房、管好房、修好房、用好房",合理延长房屋使用年限,充分发挥房屋的使用功能。

第一节 房屋查勘的内容和方法

为了保证房屋维修与养护工作质量,全面掌握房屋各个部位的技术状况和完损程度,就应对房屋进行查勘鉴定,建立必要的检查制度和管理制度。房屋的现场查勘要按照一定顺序进行,一般采用"由外部到内部,从下层到上层,从承重结构到非承重构件,从表面到隐蔽,从局部到整体"的顺序。

一、房屋查勘的内容

房屋查勘分为定期查勘、季节性查勘和修缮查勘。

（一）房屋的定期查勘

房屋的定期也称为房屋安全普查,是指每隔一定的时间对所管房屋逐栋逐间进行检查鉴定,全面掌握房屋的完损情况,确定房屋的完损等级,并在此基础上制定合理的养护和维修计划。一般来说,应该每隔1～3年查勘鉴定一次。定期查勘主要是对房屋的结构、装修和设备设施三大部分进行全面查勘鉴定，核对实物现状，查明目前用途，记录各部分完损状况，并按照一定的标准进行分析，评定房屋完损等级，同时调查用户在使用方面的意见和要求。房屋查勘的具体内容为：

1. 结构查勘

结构查勘的内容主要包括基础有无沉降、破损等现象，墙体、梁、板、柱、屋架、楼梯、楼面、阳台等有无裂缝、变形、损坏、腐蚀、松动、渗漏等现象，防潮层、防水层有无老化、裂缝、渗漏、破损等现象。

2．装修查勘

装修查勘的内容主要包括内外墙、顶棚抹灰有无裂缝、起壳、脱落等现象，地板砖、装饰瓷砖有无起壳、松动、裂缝、脱落等现象，门窗有无损坏、腐烂现象，装饰油漆有无褪色、起壳、脱落等现象。

3．设备查勘

设备查勘的内容主要包括水电、煤气、消防、卫生、暖气、通信等设备是否齐全通畅、安全完整、设置合理等。

4．附属设施查勘

附属设施查勘的内容主要包括垃圾通道、下水道、化粪池等有无堵塞、损坏、渗漏等现象。

（二）**房屋的季节性查勘**

房屋的季节性查勘是指根据所在地区的气候特征和季节特点进行的机动性房屋查勘鉴定。重点是根据季节、气候特征，例如雨季、台风、地震、山洪、大雪等情况，着重对损坏严重的、危险的房屋进行查勘，及时采取安全措施抢险解危。季节性查勘主要针对以下房屋实施：

（1）建筑在山坡、江畔、软土地段，在大雪、大雨、山洪、台风、地震过后可能不安全的房屋。

（2）新发现有危险迹象的房屋。

（3）严重损坏、有安全隐患的房屋。

（4）未及时实施安全处理措施的危险房屋。

（5）年久失修但还在使用的房屋。

（6）学校、医院、商场、娱乐场所等人流密度大的房屋。

（三）**房屋的修缮查勘**

根据《民用建筑修缮工程查勘与设计规程》规定，房屋修缮查勘以定期查勘或季节性查勘所掌握的房屋完损资料为基础，对需要维修的房屋部位或项目运用观测、鉴别和测试等手段作进一步查勘检查，以明确损坏程度，分析损坏原因，比较不同的修缮标准和修缮方法，确定修缮方案。

一般情况下，修缮查勘应重点查明房屋的下列情况：

（1）荷载和使用条件的变化。

（2）房屋的渗漏程度。

（3）屋架、梁、柱、搁栅、檩条、砌体、基础等主体结构部分以及房屋外墙抹灰、阳台、栏杆、雨篷、饰物等易坠落构件的完损情况。

（4）室内外上水、下水管线与电气设备的完损情况。

对特殊情况的查勘，如房屋发生意外事故，其危险性不确定时，或业主要改变原使用功能时，都要组织技术人员进行及时查勘，提出具体意见和建议。

二、房屋查勘的方法

房屋查勘可以采用以下几种方法：

（一）直观检查法

该法是指查勘人员以目测或简单工具来检查房屋的完损状况的方法。查勘时通过现场直接观察房屋外形的变化，如房屋结构的变形、倾斜、裂缝、脱落等破损情况，用简单工具（如线、尺）测估房屋破损程度及损坏构件数量，根据工程技术经验判断房屋构件损坏程度。

（二）重复观测法

由于被查勘房屋的损坏情况在不断地变化，一次查勘不能准确无误地确定房屋的完损等级，需要多次才能掌握其损坏变化程度，从而掌握房屋的最终完损情况。这种方法被称为重复观测法。

（三）仪器检测法

该法是指用各种仪器对房屋各种状况进行检测，通过多种定量分析指标来确定房屋完损等级的一种方法。其做法一般是借助经纬仪、水准仪、激光准直仪等仪器检查房屋的变形、沉降、倾斜等状况，用回弹仪枪击法、撞击法、敲击法等机械方法进行房屋的非破坏性检验，用超声波脉冲法、共振法进行构件的物理检验，用万能试验机对构件样品进行性能测试等。

（四）荷载试验法

该法是一种通过对房屋结构施加试验性荷载，进而对房屋结构损坏程度进行鉴定的技术方法。该法主要用于房屋发生重大质量事故，构件发生重大变形、裂缝，房屋改变用途或增加层数而无必要数据时对房屋结构、构件等进行的技术性测定。

（五）计算分析法

该法是指将房屋查勘的相关资料和测定结果运用结构理论进行计算分析，对房屋结构、构件进行强度、刚度、稳定性验算，从而确定结构构件是否安全的一种方法。计算时要根据实际的负荷，以实测材料强度为准，以便准确测定结构负载能力。

第二节 房屋完损等级的评定

房屋完损状况不能以建筑年代来代替划分、评定，也不能以房屋原设计标准的高低来代替划分、评定。评定房屋完损等级时，要认真对待结构部分完损度的评定，这是因为其中地基基础、承重构件、屋面等项的完损程度，是决定该房屋完损等级的主要条件。若地基基础、承重构件、屋面等三项的完损程度不在同一个完损标准时，则以最低的完损标准来评定。

一、房屋完损等级的含义

房屋在使用过程中，由于使用、管理、保养、维修不善，以及自然因素和其他外在因素等的影响，会出现不同程度的损坏，并可能在使用时出现危险。人们在长期使用房屋的过程中，通过比较分析，逐渐形成了房屋完损等级的概念和鉴别标准。

房屋完损等级是指现有房屋的完好或损坏程度的等级，即现有房屋的质量等级。它是按照统一的标准、项目和评定方法，通过直观检测、定性定量分析，对现有房屋进行的综合性等级评定。

二、房屋完损等级的分类

要评定房屋完损等级，首先要确定评定的项目。在房屋完损等级的评定中，把各类房屋分为结构、装修、设备三大组成部分，并具体划分为14个项目：结构部分划分为基础、承重构件、非承重构件、屋面和楼地面五项；装修部分划分为门窗、外抹灰、内抹灰、顶棚、细木装修五项；设备部分划分为水卫、电照、暖气和特种设备四项。

根据房屋结构、装修和设备三部分各项目的完好损坏程度，房屋分为五个完损等级。

（一）完好房

指质量情况如下的房屋：结构完好、装修完好、设备完好，且房屋其他各部分完好无损，无须修理或经过一般小修就能正常使用。

（二）基本完好房

指质量情况如下的房屋：结构基本完好，少量构件有轻微损坏；装修基本完好、部分有损坏，油漆缺乏保养，小部分装饰材料老化、损坏；设备基本完好，部分设备有轻微损坏。房屋损坏部分不影响房屋正常使用，一般性维修可修复。

（三）一般损坏房

指质量情况如下的房屋：结构一般性损坏，部分构件损坏、变形或有裂缝，屋面局部渗漏；装修局部有破损，油漆老化，抹灰和装饰砖小面积脱落，门窗有破损；设备部分损坏、老化、残缺、不能正常使用，管道不够通畅，水电等不能正常使用。房屋需进行中修或局部大修、更换部分构件才能正常使用。

（四）严重损坏房

指质量情况如下的房屋：结构严重损坏，有明显变形或损坏，屋面严重渗漏，构件严重损坏；装修严重变形、破损，装饰材料严重老化、脱落，门窗严重松动、变形或腐蚀；设备陈旧不全，管道严重堵塞，水、电等设备残缺不全或损坏严重。房屋需进行全面大修、翻修或改建。

（五）危险房

指结构已经严重损坏，或承重构件已属危险构件，随时可能丧失稳定和承载能力，不能保证居住和使用安全的房屋。

上述等级划分、评定标准执行国家《房屋完损等级评定标准》。该标准适用于钢筋混凝土结构、混合结构、砖木结构和其他结构（指竹木、砖石、土建造的简易房屋）房屋。对于钢结构、钢—钢筋混凝土组合结构可参照评定。对于抗震设防要求的地区，在划分房屋完损等级时应结合抗震能力进行评定。

三、房屋完损等级的标准

房屋完损等级标准是指房屋的结构、装修、设备等各组成部分的质量标准。由于房屋设计、施工质量、养护修缮程度、使用功能、使用年限及维护程度不同，致使房屋结构、装修、设备各项目完损程度的评价标准不同，应逐步对照完损等级标准进行评定。房屋完损等级标准如表9-1～表9-4所示。

表9-1 房屋完好标准

组成部分	项 目	完 损 状 况
结构部分	地基基础	有足够的承载能力，无超过允许范围的不均匀沉降
结构部分	承重构件	梁、板、柱、墙、屋架平直牢固，无倾斜、变形、裂缝、松动、腐蚀
结构部分	非承重墙	预制墙板节点安装牢固、拼缝处不渗漏；砖墙平直完好，无风化破损；石墙无风化、弓凸
结构部分	屋面	平屋面防水层、隔热层、保温层完好；平瓦屋面搭接紧密、无缺角或裂缝瓦；青瓦屋面垄顺直、搭接均匀、瓦头整齐、无碎瓦，节筒俯瓦灰埂牢固；铁皮屋面安装牢固、铁皮完好、无腐蚀；石灰炉渣、青灰屋面光滑平整；油毡屋面平整无破洞
结构部分	楼地面	整体面层平整完好，无空鼓、裂缝、起砂；木楼地面平整坚固，无腐朽、下沉，无较多磨损和细缝；砖、混凝土块料面层平整，无碎裂；灰土面层平整完好

续表

组成部分	项目	完损状况
装饰部分	门窗	完整无损,开关灵活,玻璃、五金齐全,纱窗完整,油漆完好
	外抹灰	完整牢固,无空鼓、剥落、破损和裂缝(风裂除外),勾缝砂浆密实
	内抹灰	完整牢固,无空鼓、剥落、破损和裂缝(风裂除外)
	顶棚	完整牢固,无破损、变形、腐朽和下垂脱落,油漆完好
	细木装修	完整牢固,油漆完好
设备部分	水卫	上下水管道通畅,各种水卫器具完好、零件齐全无损
	电照	电器设备、线路、各种照明装置完好牢固,绝缘良好
	暖气	设备、管道、烟道通畅完好,无堵、冒、漏现象,使用正常
	特种设备	状况良好,使用正常

表9-2 房屋基本完好标准

组成部分	项目	完损状况
结构部分	地基基础	有承载能力,稍有超过允许范围的不均匀沉降,但已稳定
	承重构件	有少量损坏,基本牢固;钢筋混凝土个别构件有轻微变形、细小裂缝,混凝土有轻度剥落、露筋;钢屋架平直不变形,各节点焊接完好,表面稍有锈蚀,钢筋混凝土屋架无混凝土剥落,节点牢固完好,钢杆件表面稍有锈蚀;木屋架各部件节点基本完好,稍有缝隙,铁件齐全,有少量生锈;承重砖墙(柱)、砌块有少量细裂缝;木构件稍有变形、裂缝、倾斜,个别节点和支撑稍有松动,铁件稍有锈蚀;结构节点基本牢固,轻度蛀蚀,铁件稍有锈蚀
	非承重墙	有少量损坏,基本牢固;预制墙板稍有裂缝、渗水、嵌缝不密实,间隔层稍有破损;外砖墙稍有风化,砖墙体轻度裂缝,勒脚有侵蚀;石墙稍有裂缝、弓凸
	屋面	局部渗漏、积尘较多、排水基本通畅;平屋顶隔热层、保温层稍有损坏,卷材防水层稍有空鼓、翘边和缝口不严,刚性防水层稍有龟裂,块体防水层稍有脱壳;平瓦屋面少量瓦片裂碎、缺角、风化,瓦稍有裂缝;青瓦屋面瓦垄少量不直,少量瓦片破碎,节筒俯瓦有松动,灰埂有裂缝,屋脊抹灰有裂缝;铁皮屋面少量咬口或嵌缝不严实,部分铁皮生锈,油漆脱皮;石灰炉渣、青灰屋面稍有裂缝,油毡屋面有少量破洞
	楼地面	整体楼面稍有裂缝、空鼓、起砂;木楼地面稍有磨损,轻度颤动;砖、混凝土块料面层磨损起砂,稍有裂缝、空鼓;灰土地面有磨损、裂缝
装饰部分	门窗	少量变形,开关不灵,玻璃、五金、纱窗少量残缺,油漆失光
	外抹灰	稍有空鼓、裂缝、风化、剥落,勾缝砂浆少量酥松脱落
	内抹灰	稍有空鼓、剥落、裂缝
	顶棚	无明显变形、下垂,抹灰层稍有裂缝,面层稍有脱钉、翘角、松动,压条有脱落
	细木装修	稍有松动、残缺,油漆基本完好

续表

组成部分	项目	完损状况
设备部分	水卫	上下水管道基本通畅,各种水卫器具基本完好、个别零件残缺损坏
	电照	电器设备、线路、各种照明装置基本完好,个别零件损坏
	暖气	设备、管道、烟道基本通畅,基本使用正常
	特种设备	状况基本良好,能使用正常

表9-3 房屋一般损坏标准

组成部分	项目	完损状况
结构部分	地基基础	局部承载力不够,有超过允许范围的不均匀沉降,对上部结构稍有影响
	承重构件	有较多损坏,强度已有所减弱;钢筋混凝土构件有局部变形、裂缝,混凝土剥落露筋,变形、裂缝值稍超过设计规范的规定,混凝土剥落面积占全部面积的10%以内,露筋锈蚀;钢屋架有轻微倾斜或变形,少数支撑部件损坏,锈蚀严重;钢筋混凝土屋架有剥落、露筋,钢杆有锈蚀;木屋架有局部腐朽、蛀蚀,个别节点连接松动,木质有裂缝、变形、倾斜等损坏,铁件锈蚀;承重墙体(柱)、砌块有部分裂缝、倾斜、弓凸、风化、腐蚀和灰缝酥松等损坏;木结构局部有倾斜、下垂、侧向变形、腐朽、裂缝,少数节点松动、脱榫,铁件锈蚀;竹构件个别节点松动,竹材有部分开裂、蛀蚀、腐朽,局部构件变形
	非承重墙	有较多损坏强度减弱点;预制墙板的边、角有裂缝,拼缝处嵌缝料部分脱落、有渗水,间隔墙面层局部损坏;砖墙有裂缝、弓凸、倾斜、风化、腐蚀、灰缝有酥松,勒脚有部分侵蚀剥落;石墙部分开裂、弓凸、风化、砂浆酥松,个别石块脱落;木、竹、芦帘墙体部分严重破损,土墙稍有倾斜
	屋面	局部漏雨,木基层局部腐朽、变形,钢筋混凝土屋面板局部下滑,屋面高低不平,排水设施锈蚀、断裂;平屋面保温层、隔热层较多损坏,卷材防水层部分有空鼓、翘边和封口展开;刚性防水层部分有裂缝、起壳,块体防水层部分有松动、风化、腐蚀;平瓦屋面有瓦片破碎、风化,瓦出现严重裂缝、起壳,脊瓦局部松动、破损;青瓦屋面部分瓦风化、破碎、翘角,瓦垄不顺直,节筒俯瓦破碎残缺,灰埂部分脱落,屋脊抹灰有脱落,瓦片松动;铁皮屋面部分咬口或嵌缝不实,铁皮严重锈烂;石灰炉渣、青灰屋面局部风化脱壳、剥落,油毡屋面有破洞
	楼地面	整体面层部分裂缝、空鼓、剥落,严重起砂;木楼地面部分有磨损、蛀蚀、翘裂、松动、稀缝,局部变形下沉,有颤动;砖、混凝土块料面层磨损,部分破损、裂缝、脱落,高低不平;灰土地面坑洼不平
装饰部分	门窗	木门窗部分翘裂,榫头松动,木质腐朽,开关不灵;钢门、窗部分变形、锈蚀,玻璃、五金、纱窗部分残缺,油漆老化翘皮、剥落
	外抹灰	部分有空鼓、裂缝、风化、剥落,勾缝砂浆部分酥松脱落
	内抹灰	部分有串鼓、裂缝、剥落

续表

组成部分	项目	完损状况
装饰部分	顶棚	有明显变形、下垂,抹灰层局部有裂缝,面层局部有脱钉、翘角、松动、部分压条脱落
	细木装修	木质部分腐朽、蛀蚀、破裂,油漆老化
设备部分	水卫	上下水管道不够畅通,管道有积垢、锈蚀,个别有滴、漏、冒水现象,水卫器具零件部分损坏、残缺
	电照	设备陈旧,电线部分老化,绝缘性能差,少量照明装置有残缺损坏
	暖气	部分设备、管道锈蚀严重,零件损坏,有滴水、冒气、跑气现象,供气不正常
	特种设备	不能使用正常

表 9-4 房屋严重损坏标准

组成部分	项目	完损状况
结构部分	地基基础	承载能力不足,有明显不均匀沉降或明显滑动、压碎、折断、冻酥、腐蚀等损坏,并且仍在继续发展,对上部结构有明显的影响
	承重构件	明显损坏,强度不足;钢筋混凝土构件有明显下垂变形、裂缝,混凝土剥落和露筋锈蚀严重,下垂变形、裂缝值稍超过设计规范的规定,混凝土剥落面积占全面积的10%以上;钢屋架明显倾斜或变形,部分支撑弯曲松脱,锈蚀严重;钢筋混凝土有倾斜,混凝土严重腐蚀剥落、露筋锈蚀,部分支撑损坏,连接杆件不齐全,钢杆锈蚀严重;木屋架端节点腐朽、蛀蚀,节点连接松动,夹板有裂缝,屋架有明显下垂或倾斜,铁件严重锈蚀,支撑松动;承重墙体(柱)、砌块强度和稳定性严重不足,有严重裂缝、倾斜、弓凸、风化、腐蚀和灰缝严重酥松等损坏;木构件严重倾斜、下垂、侧向变形、腐朽、蛀蚀、裂缝,木质脆枯,节点松动,榫头折断拔出,榫眼压裂,铁件严重锈蚀和部分残缺;竹构件节点松动、变形,竹材弯曲断裂、腐朽,整个房屋倾斜变形
	非承重墙	有严重损坏,强度不足;预制墙板严重裂缝、变形,节点锈蚀,拼缝处嵌缝料脱落,严重渗水,间隔墙立筋松动、断裂,面层严重破损;砖墙有严重裂缝、弓凸、倾斜、风化、腐蚀、灰缝酥松;石墙严重外裂、下沉、弓凸、断裂、砂浆酥松,石块脱落;木、竹、芦帘苇箔等墙体严重破损,土墙倾斜、硝碱
	屋面	严重漏雨,木基层腐烂、蛀蚀、变形、损坏,屋面高低不平,排水设施严重锈蚀、断裂、残缺不全;平屋面保温层、隔热层严重损坏,卷材防水普遍老化、断裂、翘边和封口脱开,沥青流淌;刚性防水层严重开裂、起壳、脱落;块体防水层严重松动、腐蚀、破损;平瓦屋面瓦片零乱不落槽,严重破碎、风化、瓦出现破损、脱落,脊瓦严重松动、破损;青瓦屋面瓦片零乱、风化、碎瓦多,瓦垄不直,节筒俯瓦严重残缺,灰埂脱落,屋脊严重损坏,铁皮屋面严重锈烂、变形下垂;石灰炉渣、青灰屋面大部冻鼓,裂缝、脱壳、剥落,油毡屋面严重老化,大部破损

续表

组成部分	项　　目	完　损　状　况
结构部分	楼地面	整体面层严重裂缝、沉陷、空鼓、剥落，严重起砂；木楼地面有严重磨损、蛀蚀、翘裂、松动、稀缝，变形下沉，颤动；砖、混凝土块料面层严重破损、裂缝、脱落，高低不平；灰土地面严重坑洼不平
装饰部分	门窗	木门窗腐朽，开关不灵；钢门、窗严重变形、锈蚀，玻璃、五金、纱窗残缺，油漆老化，剥落见底
	外抹灰	严重空鼓、裂缝、风化、剥落，勾缝砂浆严重酥松脱落
	内抹灰	严重空鼓、裂缝、剥落
	顶棚	严重变形、下垂，木筋弯曲翘裂、腐朽、蛀蚀，面层严重破损，压条脱落，油漆见底
	细木装修	木质腐朽、蛀蚀、破裂，油漆老化见底
设备部分	水卫	上下水管道严重堵塞，管道锈蚀、漏水，水卫器具零件严重损坏、残缺
	电照	设备陈旧，电线普遍老化，照明装置残缺损坏，绝缘不符合安全用电要求
	暖气	设备、管道锈蚀严重，零件损坏，滴水、冒气、跑气现象严重，基本上无法正常使用
	特种设备	严重损坏，无法使用

四、房屋完损等级的评定方法

房屋完损等级是根据房屋各个组成部分的完损程度来进行综合评定的。具体做法是：按照《房屋完损等级评定标准》的规定，将房屋划分为钢筋混凝土结构、混合结构、砖木结构和其他结构四类，对每类房屋按结构、装修、设备三个组成部分的完损程度进行综合评定。

（一）钢筋混凝土结构、混合结构、砖木结构房屋完损等级的评定

这三类房屋完损等级的评定方法如下：

1. 房屋的结构、装修、设备等组成部分的各项均符合同一个完损标准，则该房屋的完损等级就是分项所符合的完损等级。

2. 房屋的结构部分各分项符合同一个完损等级标准，而在装修、设备部分中有一、二项完损程度下降一个等级，其余各分项和结构部分符合同一个完损标准，则该房屋完损等级按结构部分的完损等级来确定。例如，某栋钢筋混凝土结构房屋的结构部分各分项完损程度均符合完好标准，装修部分的"外抹灰"分项和设备部分的"电照"分项的完损程度符合基本完好标准，其余各分项均符合完好标准，则该房屋完损等级应评为"完好房屋"。

3. 房屋的结构部分中非承重墙或楼地面分项有一项下降一个完损标准等级，在装修或设备部分中有一项下降一个完损标准等级，其余三个组成部分的各分项都符合上一个等级标准，则该房屋完损等级可按大部分分项的完损程度来确定。

4. 房屋的结构部分中地基基础、承重构件、屋面等项的完损程度符合同一个标准，其余各分项都高出一个等级，则该房屋的完损等级还按地基基础、承重构件、屋面等项的完损程度来评定。例如，某栋砖木结构房屋的地基基础、承重构件、屋面等项的完损程度符合一般损坏标准，其余各分项完损均符合基本完好标准，则该房屋完损等级应评为"一般损坏房屋"。

（二）其他结构房屋完损等级的评定

其他结构房屋是指木、竹、石结构等类型的房屋，通称简易结构房屋。此类房屋完损等级的评定方法如下：

（1）房屋的结构、装修、设备等组成部分的各分项符合同一个完损等级标准，则该房屋完损等级就是分项的完损程度符合的等级。

（2）房屋的结构、装修、设备等组成部分的绝大多数项目符合同一个完损等级标准，有少量分项符合高的一个等级完损标准，则该房屋完损等级按绝大多数分项的完损程度评定。

第三节　危险房屋的鉴定与处理

为加强城市危险房屋管理，保证居住和使用安全，促进房屋有效利用，建设部颁布的《城市危险房屋管理规定》明确指出：房屋所有人、使用人应当爱护和正确使用房屋。对于危险房屋的鉴定，要严格遵循建设部制定的《危险房屋鉴定标准》。房屋所有人对鉴定的危险房屋，必须按鉴定机构的建议，及时加固或修缮处理。

一、危险房屋的含义

危险房屋（简称危房），是指结构已经严重损坏，或承重构件已属危险构件，随时可能丧失稳定和承载能力，不能保证居住和使用安全的房屋。承重构件是指基础、墙、柱、梁、板、屋架等基本结构构件。危险构件是指已经达到其承载能力的极限状态，并且不适合继续承载、不能满足正常使用要求的结构构件。

一般情况而言，出现承重构件老化、承载能力降低、变形增大，墙、柱失稳、脱落、异常变形，因突发性荷载作用而出现较大裂缝，地基下沉并继续发展等危险迹象，不能保障使用安全的房屋，均属危险房屋。

二、危险房屋的分类

根据《危险房屋鉴定标准》（JGJ 125—99，2004 年版）的规定，危房可以分为以下三类：

（一）整栋危房

整栋危房又称"全危房"，是指承重结构的承载能力已不能满足正常使用要求，整体出现险情的房屋。这类房屋的大部分结构、装修、设备均有不同程度的严重损坏，无法确保使用安全。

（二）局部危房

局部危房又称"局危房"，是指部分承重结构的承载能力已不能满足正常使用要求，局部出现险情的房屋。这类房屋大部分的结构承载能力基本正常，只是局部结构有险情，只要排除局部危险就可安全使用。

（三）"危险点"房

危险点又称危点，是指处于危险状态的单个承重构件、围护构件或房屋设备。"危险点"房是指个别结构构件承载能力不能满足正常使用要求、处于危险状态的房屋。这类房屋结构的承载力基本能满足正常要求，只是个别构件出现险情成为危点。这些危点只要及时维修、排除险情，就可安全使用。

三、危险房屋的鉴定程序

危险房屋的鉴定程序按照建设部颁发的《城市危险房屋管理规定》和《危险房屋鉴定标准》的有关要求进行，其程序如下。

（一）受理委托

一般由房屋的产权单位或用户提出鉴定申请，鉴定单位根据委托人的要求，确定房屋危险性鉴定的内容和范围。

（二）初步调查

鉴定机构对房屋使用状况的档案资料进行收集调查和分析，并进行现场查勘。

（三）检测验算

根据有关技术资料和鉴定方法，进行现场检测，必要时进行仪器测试和结构验算。

（四）鉴定评级

对调查、查勘、检测、验算所获得的数据资料和实际状况进行全面的分析，综合评定其危险等级。

（五）提出处理建议

对被鉴定的房屋提出原则性的处理建议。

（六）出具报告

鉴定报告由鉴定人员使用统一的专业用语写出，报告样式可参考表9-5。

表 9-5 房屋安全鉴定报告　　　　　　　报告编号（　　　）

一、委托单位/个人情况			
单位名称		电话	
房屋住址		委托日期	
二、房屋概况			
房屋用途		建造年份	
结构类型		建筑面积	
平面形式		层数	
产权性质		产权证号	
备注			
三、房屋安全鉴定的目的			
四、鉴定情况			
五、损坏原因分析			
六、鉴定结论			
七、处理建议			
八、检测鉴定人员			
九、鉴定单位技术负责人（章）			

鉴定日期：　　　年　　月　　日

四、危险房屋的鉴定方法

危险房屋的鉴定要按照一定的鉴定标准和方法来进行，根据《危险房屋鉴定标准》（JGJ 125—99，2004 年版）的规定，分三个层次进行鉴定，分别为"构件危险性鉴定"、"房屋组成部分危险性鉴定"和"房屋危险性鉴定"。首先根据"构件危险性鉴定"标准确定构件的危险性和危险构件的数量；然后根据"房屋组成部分危险性鉴定"标准和"房屋危险性鉴定"标准的综合评定方法，鉴定房屋组成部分危险性等级和房屋危险等级。

（一）第一层次：构件危险性鉴定

按《危险房屋鉴定标准》，评定各构件为危险构件（T_d）或非危险构件（F_d）。

1. 单个构件划分的有关规定

(1) 基础——独立基础以一根柱的单个基础为一个构件;条形基础以一个自然间一轴线单面长度为一构件;板式基础以一个自然间的面积为一构件。

(2) 墙体以一个计算高度、一个自然间的一面为一构件。

(3) 柱以一个计算高度、一根为一构件。

(4) 梁、檩条、搁栅等以一个跨度、一根为一构件。

(5) 板以一个自然间面积为一构件,预制板以一块为一构件。

(6) 屋架、桁架等以一榀为一构件。

2. 构件危险性的鉴定标准

(1) 地基部分有下列现象之一者,应评定为危险状态:

① 地基沉降速度连续两个月大于 4mm/月,并且短期内无收敛趋向。

② 地基产生不均匀沉降,其沉降量大于国家规定标准《建筑地基基础设计规范》(GB 50007—2002)规定的允许值,上部墙体产生沉降裂缝大于 10mm,且房屋局部倾斜率大于 1%。

③ 地基不稳定产生滑移,水平位移量大于 10mm,并对上部结构有显著影响,且仍有继续滑动迹象。

(2) 基础部分有下列现象之一者,应评定为危险点:

① 基础承载能力小于基础作用效应的 85%。[①]

② 基础老化、腐蚀、酥碎、折断,导致结构明显倾斜、位移、裂缝、扭曲等。

③ 基础已有滑动,水平位移速度连续两个月大于 2mm/月,且短期内无终止趋向。

(3) 砌体结构构件有下列现象之一者,应评定为危险点:

① 受压构件的承载能力小于其作用效应的 85%。

② 受压墙、柱沿受力方向产生裂缝宽度大于 2mm、缝长超过层高 1/2 的竖向裂缝,或产生缝长超过层高 1/3 多条竖向裂缝。

③ 受压墙、柱表面风化、剥落,砂浆粉化,有效截面削弱达 1/4 以上。

④ 支撑梁或屋架端部的墙体或柱截面局部受压产生多条竖向裂缝或裂缝宽度超过 1mm。

⑤ 墙、柱因偏心受压产生水平裂缝,缝宽大于 0.5mm。

⑥ 墙、柱产生倾斜,其倾斜率大于 0.7%,或相邻墙体连接处断裂成通缝。

⑦ 墙、柱刚度不足,出现挠曲鼓凸,且挠曲部位出现水平或交叉裂缝。

⑧ 砖过梁中部产生明显的竖向裂缝,或端部产生明显的斜向裂缝,或支撑过梁的墙体

[①] 基础承载能力小于基础作用效应的 85%,具体是指: $R/(\gamma \cdot s) < 0.85$,式中 R 为结构构件承载能力(抗力),γ 为结构构件重要性系数,s 为结构构件的作用效应。

产生水平裂缝，或产生明显弯曲、下沉变形。

⑨ 砖筒拱、扁壳、波形筒拱、拱顶沿母线裂缝，或拱曲面明显变形，或拱脚明显位移，或拱体拉杆锈蚀严重，且拉杆体系失效。

⑩ 石砌墙（或土墙）高厚比：单层大于14，两层大于12，且墙体自由长度大于6m。墙体的偏心距达墙厚的1/6。

（4）木结构构件有下列现象之一者，应评定为危险点：

① 木结构构件承载能力小于其作用效应的90%。

② 连接方式不当，构造有严重缺陷，已导致节点松动变形、滑动、沿剪切面开裂、剪坏或铁件严重锈蚀、松动致使连接失效等损坏。

③ 主梁产生大于 $L_0/150$ 的挠度，或受拉区伴有较严重材质缺陷（L_0 为计算跨度）。

④ 屋架产生大于 $L_0/120$ 的挠度，且顶部或端部节点产生腐朽或开裂，或出平面倾斜量超过屋架高度的1/120。

⑤ 檩条、搁栅产生大于 $L_0/120$ 的挠度，入墙木质部位腐朽、虫蛀或空鼓。

⑥ 木柱侧弯变形，其矢高大于 $h/150$，或柱顶劈裂，柱身断裂。柱脚腐朽面积大于原截面1/5（h 为墙、柱的计算高度）。

⑦ 对受拉、受弯、偏心受压和轴心受压构件，其斜纹理或斜裂缝的斜度 ρ 分别大于7%、10%、15%和20%。

⑧ 存在任何心腐缺陷的木质构件。

（5）混凝土结构构件有下列现象之一者，应评定为危险点：

① 构件承载能力小于其作用效应的85%。

② 梁、板产生超过 $L_0/150$ 的挠度，且受拉区的裂缝宽度大于1mm。

③ 简支梁、连续梁跨中部位受拉区产生竖向裂缝，其一侧向上延伸达梁高的2/3以上，且缝宽大于0.5mm，或在支座附近出现剪切斜裂缝，缝宽大于0.4mm。

④ 梁、板受力主筋处产生横向水平裂缝和斜裂缝，缝宽大于 1mm，板产生宽度大于0.4mm 的受拉裂缝。

⑤ 梁、板因主筋锈蚀，产生沿主筋方向的裂缝，缝宽大于1mm，或构件混凝土严重缺损，或混凝土保护层严重脱落、露筋。

⑥ 现浇板面周边产生裂缝，或板底产生交叉裂缝。

⑦ 预应力梁、板产生竖向通长裂缝；或端部混凝土松散露筋，且其长度达到主筋直径的100倍以上。

⑧ 受压柱产生竖向裂缝，保护层剥落，主筋外露锈蚀；或一侧产生水平裂缝，缝宽大于1mm，另一侧混凝土被压碎，主筋外露锈蚀。

⑨ 墙中间部位产生交叉裂缝，缝宽大于0.4mm。

⑩ 柱、墙产生倾斜、位移，其倾斜率超过高度的 1%，其侧向位移量大于 h/500。

⑪ 墙、柱混凝土酥裂、碳化、起鼓，其破坏面大于全截面的 1/3，且主筋外露、锈蚀严重、截面减小。

⑫ 柱、墙侧向变形，其极限值大于 h/250，或大于 30mm。

⑬ 屋架产生大于 $L_0/200$ 的挠度，且下弦杆产生横断裂缝，缝宽大于 1mm。

⑭ 屋架的支撑系统失效导致倾斜，其倾斜量大于屋架高度的 2%。

⑮ 压弯构件保护层剥落，主筋多处外露锈蚀；端节点连接松动，且伴有明显变形裂缝。

⑯ 梁、板有效搁置长度小于规定值的 70%。

（6）钢结构构件有下列现象之一者，应评为危险点：

① 构件的承载能力小于其作用效应的 90%。

② 构件或连接件有裂缝或锐角切口，焊缝、螺栓或铆接出现拉开、变形、滑动、松动、剪坏等严重损坏。

③ 受拉构件因锈蚀，截面减少量大于原截面的 10%。

④ 连接方式不当，构造有严重缺陷。

⑤ 梁、板等构件挠度大于 $L_0/250$，或大于 45mm。

⑥ 实腹梁侧弯矢高大于 $L_0/600$，且有发展迹象。

⑦ 受压构件的长细比大于现行国家标准《钢结构设计规范》(GB 50017—2003) 中规定值的 1.2 倍。

⑧ 钢柱顶位移，平面内大于 h/150，平面外大于 h/500，或大于 40mm。

⑨ 屋架产生大于 $L_0/250$ 或大于 40mm 的挠度；屋架支撑系统松动失稳，导致屋架倾斜，倾斜量超过 h/150。

（二）第二层次：房屋组成部分危险性鉴定

房屋划分为三个组成部分：地基基础、上部承重结构和围护结构。按《危险房屋鉴定标准》将各部分评定为 a、b、c、d 四个等级：a 级为无危险点；b 级为有危险点；c 级为局部危险；d 级为整体危险。

房屋组成部分的危险性鉴定是根据地基基础、上部承重结构和维护结构三部分的构件数量及其危险性构件的数量，通过计算三部分危险构件百分数确定房屋各组成部分危险性等级，然后计算房屋各组成部分危险性等级的隶属度，为整栋房屋的危险性鉴定提供依据。

（三）第三个层次：房屋危险性鉴定

按《危险房屋鉴定标准》将各房屋评定为 A、B、C、D 四个等级。A 级为结构承载力满足正常使用要求，未发现危险点，结构安全的房屋；B 级为结构承载力基本满足正常使用要求，虽然个别结构构件处于危险状态，但不影响主体结构，基本满足正常使用要求的房屋；C 级为部分承重结构承载力不能满足正常使用要求，局部出现危险，构成局部危房的房屋；D 级为承重结构承载力不能满足正常使用要求，整体出现危险，构成整栋危房的房屋。

由房屋组成部分的各种危险性等级隶属度计算出房屋各危险等级的隶属度，即可判别房屋的危险等级。

五、危险房屋的处理

根据《城市危险房屋管理规定》，对危险房屋做如下处理。

（一）观察使用

对于经过一定安全技术处理后还可以短期使用的房屋，经维修后可以使用，但在使用期间一定要注意观察。

（二）处理使用

对于通过采取维修技术措施后，能排除危险的房屋，经维修后可以使用。

（三）停止使用

对于无维修价值，暂时又不便于拆除，并且不危及其他房屋和他人安全的房屋，应停止使用。

（四）整体拆除

对于无维修价值又对其他房屋和公众构成威胁的危险房屋，应将其全部拆除。

本 章 小 结

为了保证房屋维修与养护工作质量，全面掌握房屋各个部位的技术状况和完损程度，就应对房屋进行查勘鉴定，建立必要的检查制度和管理制度。房屋的现场查勘要按照一定顺序进行，一般采用"由外部到内部，从下层到上层，从承重结构到非承重构件，从表面到隐蔽，从局部到整体"的顺序。

房屋查勘分为定期查勘、季节性查勘和修缮查勘。房屋查勘可以采用以下几种方法：直观检查法、重复观测法、仪器检测法、荷载试验法和计算分析法。

房屋在使用过程中，由于使用、管理、保养、维修不善，以及自然因素和其他外在因素等的影响，会出现不同程度的损坏，并可能在使用时出现危险。根据房屋结构、装修和设备三部分各项目的完好损坏程度，房屋分为五个完损等级：完好房、基本完好房、一般损坏房、严重损坏房和危险房。房屋完损等级是根据房屋各个组成部分的完损程度来进行综合评定的。按照《房屋完损等级评定标准》的规定，将房屋划分为钢筋混凝土结构、混合结构、砖木结构和其他结构四类，对每类房屋按结构、装修、设备三个组成部分的完损程度进行综合评定。

对于危险房屋的鉴定,要严格遵循《危险房屋鉴定标准》。根据此标准,危房可以分为以下三类:整栋危房、局部危房和"危险点"房。危险房屋的鉴定程序按照建设部颁发的《城市危险房屋管理规定》和《危险房屋鉴定标准》的有关要求进行。根据《危险房屋鉴定标准》,危险房屋的鉴定共分三个层次,分别为"构件危险性鉴定"、"房屋组成部分危险性鉴定"和"房屋危险性鉴定"。首先根据"构件危险性鉴定"标准确定构件的危险性和危险构件的数量;然后根据"房屋组成部分危险性鉴定"标准和"房屋危险性鉴定"标准的综合评定方法,鉴定房屋组成部分危险性等级和房屋危险等级;最后,根据《城市危险房屋管理规定》,对危险房屋做出相应的处理意见。

思考与讨论

1. 房屋完损等级分为几类?
2. 房屋完损等级的评定方法。
3. 危险性房屋鉴定的主要内容是什么?
4. 危险性房屋鉴定的程序。
5. 危险性房屋如何处理?
6. 混凝土结构构件在什么情况下评为危险点?
7. 钢结构构件在什么情况下评为危险点?
8. 基础构件在什么情况下评为危险点?
9. 砌体结构构件在什么情况下评为危险点?

第十章　房屋基础与结构的维护

> **学习目标**

1. 了解房屋基础损坏的形式、原因和维护的方法。
2. 熟悉《住宅室内装饰装修管理办法》中有关墙体结构安全的具体规定。
3. 熟悉砌体结构、钢筋混凝土结构和钢结构养护的内容。
4. 了解砌体结构、钢筋混凝土结构和钢结构加固的方法。

> **导言**

建筑物的全部荷载是通过房屋结构传递给基础，再通过基础传递给地基的，如果房屋结构或房屋基础出现损坏，必将影响整个建筑物的使用安全，以及使用者的生命和财产安全。房屋基础和结构的构造形式多种多样，本书上篇已经就其构造作了详细的阐述，本章仅就维护问题加以介绍。

第一节　房屋基础的维护

地基基础一般都隐藏于地下，发生问题时不易于发现和处理。如果在建筑物的日常使用和管理中，认真做好地基基础的养护工作，及时消除产生问题的自然或人为因素，使其经常处于良好状态，就可以大大降低地基基础发生问题的可能性。

一、房屋基础的损坏形式及主要原因

（一）房屋基础的损坏形式
房屋基础的损坏形式主要表现在以下两个方面：
（1）地基因承载力不足而失稳，地基因发生过大变形和不均匀变形而导致基础损坏。
（2）基础的强度、刚度不够。
由于各种原因而使基础发生上述损坏形式时，都将引起建筑物出现不同程度的倾斜、

位移、开裂、扭曲,甚至倒塌现象。

(二)基础损坏的主要原因

房屋出现上述基础损坏现象的主要原因有以下几个方面:

(1)地基软弱。

(2)基础设计不合理。

(3)基础施工材质不符合要求,施工质量差。

(4)上下水管道渗水,引起地基沉陷。

(5)维修养护不及时,地表水渗入地基。

(6)比邻新建房屋基础埋深超过原有房屋基础的底面,两基础之间的距离较小,又没有采取适宜的支护措施,使原建筑物的基地土受到扰动,地基土强度下降。

(7)随意改动房屋使用性质,房屋加层改造管理不善。

(8)基础埋设深度不当等。

二、房屋基础的维护

(一)正确使用,避免大幅度超载

如果上部结构的使用荷载大幅度超过设计荷载,或者在基础附近的地表面大量堆载,就会使地基的附加应力相应增大,从而产生附加沉降。由于超载和堆载的不均匀性,附加沉降往往是不均匀的,有的还会造成地基基础向一侧倾斜。即使对沉降已经稳定的地基,在未经过鉴定、未取得超载依据、未经过设计确定或未采取有关措施前,也都应避免出现大幅度超载现象。因此,应对日常使用情况进行技术监督,防止对地基基础不利的超载现象发生。

(二)加强房屋周围上下水管道设施的管理,防止地基浸水

地基浸水对地基基础的工作状态不利,因此应经常检查房屋四周的排水沟、散水,保持房屋四周与庭院良好的排水状态,避免地基附近出现积水现象。当地面排水有困难或排水沟和散水发生破损时,应立即进行修理。对外墙四周没有排水设施的,应根据条件,采用粘土、灰土、毛石、砖或混凝土加做散水(散水基层应夯实,宽度不小于 0.5m),并做成 10%的向外倾斜的流水坡。采用砖、石铺砌的散水,接缝应灌注灰浆,以免雨水由缝隙浸入。当排出的水中有腐蚀性介质时,排水沟、散水应采用耐腐蚀性材料。埋设在房屋下面和靠近基础的上下水及暖气管道,要加强维修,防止泄漏。

(三)保持勒脚完整,防止基础受损削弱

勒脚破损或严重腐蚀剥落,将会使雨水沿墙面浸入基础。因此,破损部分应及时修复,对于风化、起壳、腐蚀、松酥的部分,应在进行洗刷清除后,加做或重做水泥砂浆抹面。勒脚上口宜用砂浆做成 20°~30°的斜坡,以利泄水。对有耐腐蚀要求的,应采用耐腐蚀

材料。要经常保持基础覆盖土的完整，防止在外墙四周挖坑。对于墙基处覆土散失的，应及时培上夯实，不使基础顶部外露，以防受到损伤、削弱。

（四）做好采暖保温工作，防止地冻损害

在季节性冻土地区，要做好基础的保温工作。按采暖设计的房屋，冬季使用时不宜间断采暖；要合理使用，保证各房间正常采暖。如不能保证采暖，应对内外墙基础进行保温处理。有地下室的房屋，寒冷季节地下室门窗应严密封好，以防冷空气侵入引起地基冻害。

（五）特殊土地区地基要按有关规范和当地经验进行防护

对于湿陷性黄土、膨胀土等特殊土地区地基上的房屋，除了做好上述各项日常养护工作外，还要结合自身的特点，按照当地维护经验进行保养。

1. 湿陷性黄土地区地基基础的防护要求

由于此类黄土具有湿陷性，建在这种地区的房屋建筑，常会因为对地基基础的防护不周而发生湿陷变形，所以对该地区的房屋还要做好以下几方面的特殊防护工作。

（1）基本防水

不得随意在地面及房屋四周泼洒废水；要保证房屋建筑周围排水畅通，不允许有积水现象出现；不得在房屋建筑周围规定范围内种菜（非自重湿陷性黄土地区规定 5m，自重湿陷性黄土地区规定 10m）；不得在建筑物周围 10m 以内随意开挖地面。如果因施工或修理必须开挖地面的，要提前做好防范工作，以免一些地面水流入坑中。

（2）防漏水

寒冷地区，冬季应对水管采取防寒保温措施，以防冻裂；每年供暖前要对暖气管道进行系统检查，当冬季暖气管道出现事故停用时，要把管道中的存水放尽，以防管道被冻裂而影响地基土；经常检查上、下系统管道有无漏水、是否畅通等情况。如果发现漏水，应立即切断水源，及时维修。

（3）防降水

每年雨量大的季节，为避免雨水泛滥，要对房屋附近的一些排水设施进行必要的检查，消除一些不利于排水的因素，确保大量降雨时排水畅通。还要经常对房屋建筑进行沉降观测及地下水位观测，发现沉降有异常时，应及时进行各方面的检查，并进行必要的维修与护理。

2. 膨胀土地区地基基础的防护要求

由于膨胀土具有遇水膨胀、缺水收缩的特性，建在膨胀土地区的房屋建筑在使用期间要降低地基土中含水量的变化，以减小土的胀缩变形，具体应做好以下几方面的防护工作。

（1）合理种植树木

房屋附近不宜种植吸水量大和蒸发量大的树木，因这类树木会使房屋建筑地基失水，导致地基下沉。应根据树木蒸发能力和当地气候条件等，在保证树木和房屋之间距离合理的前提下，合理选种树木，这样既可以绿化环境，有利于人类健康，又不会影响建筑物的地基。

① 选择好树木种类

树木种类的选择主要是根据树木的蒸发能力、各地的气候条件和地下水补给情况综合考虑选择，一般宜选择树干较矮和根系较浅的树种。如一些落叶树、浅根的常绿树。

② 选择好种植部位

树木种植部位要合理，否则也会给房屋建筑地基带来伤害。一般灌木或浅根树在离房屋建筑 3m 以外种植为宜；乔木在 5m 以外种植为宜；高大的常绿树，在距离房屋建筑 20m 以外可成片种植。

房屋周围为裸露地面情况时，应多种植些草皮、绿篱等，以减少太阳对土壤的辐射，从而减少地基土水分的蒸发。

③ 定期修剪

为更好地做好膨胀土地区房屋建筑地基基础的防护工作，房屋周围树木、草皮、绿篱等要定期修剪，以避免其长得过高。旱季要给树木培土浇水，必要时对一些年代较久的树木进行更新。

(2) 在房屋建筑周围做好宽散水

宽散水不仅其宽度要比一般散水宽（宽度通常 2m～3m），且有保温隔热层及不透水的垫层。因此，它具有防水、保湿、保温和隔热的作用。

第二节　房屋结构的维护

在房屋基础维护基础上的房屋结构维护至关重要。本节主要介绍房屋装修过程中的墙体结构安全和砌体结构、钢筋混凝土结构、钢结构的养护等内容。房屋装修过程中的墙体拆改，将直接导致墙体裂缝、地面渗水、阳台坍塌、节能设施破坏、结构抗震强度降低、邻里纠纷增加等，因此物业管理人员应给予特别重视。

一、房屋装修过程中的墙体结构安全

在房屋装修尤其是在住宅装修中，存在大量随意拆改现象，导致相邻墙体产生不应有的开裂损坏，给房屋的结构安全带来严重影响。为此，加强装饰装修中房屋结构的安全管理意义重大。

（一）对随意拆改墙体的应急措施

对于因拆除前纵墙（即连接阳台的墙体）可能导致悬挑阳台抗倾覆力矩不足的情况，

必须立即恢复墙体的原状，以确保悬挑阳台的使用安全。对于随意拆除承重墙或因在承重墙上打洞导致楼盖、屋盖出现险情的情况，应及时对受影响的楼盖、屋盖做有效的支顶，以防上部结构出现险情。

（二）认真贯彻《住宅室内装饰装修管理办法》的有关规定

为加强住宅室内装饰装修的管理，保证装饰装修工程质量和安全，维护公共安全和公众利益，建设部于2002年3月5日颁布了《住宅室内装饰装修管理办法》（以下简称《办法》）。

《办法》第五条规定，住宅室内装饰装修活动中禁止下列行为：（1）未经原设计单位或者具有相应资质等级的设计单位提出设计方案，变动建筑主体和承重结构；（2）将没有防水要求的房间或者阳台改为卫生间、厨房间；（3）扩大承重墙上原有的门窗尺寸，拆除连接阳台的砖、混凝土墙体；（4）损坏房屋原有节能设施；（5）其他影响建筑结构和使用安全的行为。

本办法所称的建筑主体，是指建筑实体的结构构造，包括屋盖、楼盖、梁、柱、支撑、墙体、连接接点和基础等；承重结构，是指直接将本身自重与各种外加作用力系统地传递给基础地基的主要结构构件和其连接点，包括承重墙体、立杆、柱、框架柱、支墩、楼板、梁、屋架、悬索等。

《办法》第六条规定，装修人（即业主或者住宅使用人）从事住宅室内装饰装修活动，未经批准，不得有下列行为：（1）搭建建筑物、构筑物；（2）改变住宅外立面，在非承重外墙上开门、窗；（3）拆改供暖管道和设施；（4）拆改燃气管道和设施。

《办法》第七条规定，住宅室内装饰装修超过设计标准或者规范增加楼面荷载的，应当经原设计单位或者具有相应资质等级的设计单位提出设计方案。

《办法》第八条规定，改动卫生间、厨房间防水层的，应当按照防水标准制订施工方案，并做闭水试验。

《办法》第九条规定，装修人经原设计单位或者具有相应资质等级的设计单位提出设计方案，变动建筑主体和承重结构的，或者装修活动涉及本办法第六条、第七条、第八条内容的，必须委托具有相应资质的装饰装修企业承担。

《办法》第十三条、第十四条规定了住宅室内装饰装修的开工申报制度，在申报登记应当提交的材料中，如果变动建筑主体或者承重结构的，需提交原设计单位或者具有相应资质等级的设计单位提出的设计方案。

《办法》第十五条规定，物业管理单位应当将住宅室内装饰装修工程的禁止行为和注意事项告知装修人和装修人委托的装饰装修企业。

《办法》还规定了对住宅室内装饰装修施工的监督措施及相应的处罚措施。以切实制止在住宅室内装饰装修中随意拆改墙体、变动结构，确保住宅房屋结构安全。

二、房屋结构的养护

（一）砖砌体结构的养护

砖砌体结构养护工作包括以下几个方面：

（1）定期检查，加强对砌体结构受潮和受腐蚀情况的监测，发现问题及时采取措施。

（2）房屋的给、排水设施要保持完好，不渗不漏，发现问题应及时解决；对潮湿房间的防水面层及屋面防水面层的损坏也应及时修理。

（3）保持室外场地平整和排水坡度，防止建筑物周围积水。

（4）禁止在墙上随意开洞，又不加防护措施，使墙体结构受损坏，减弱其承载能力的行为。

（5）发现地基基础发生损坏，出现不均匀沉降时要及时进行加固处理，以免造成结构损坏或扩大损坏。

（6）屋面架空隔热层、保温层、屋面柔性分格缝发生损坏要及时修复，防止温度下降和裂缝扩大。

（7）避免使用房屋时不按设计要求，随意超载等现象，若要改变房屋用途或改造应先进行验算，并进行必要的加固处理。

（二）钢筋混凝土结构的养护

对钢筋混凝土结构要做好以下几方面的养护工作：

（1）对混凝土结构的变形缝、预埋件、给水、排水设施等应进行定期检查。发现腐蚀、渗漏、开裂和垃圾杂物积污等情况要及时处理。对在混凝土结构上任意开凿孔洞的行为，要及时制止。对易受碰损的混凝土部位，应增设必要的防护措施。

（2）钢筋的混凝土保护层损坏时要及时修补，以防钢筋锈蚀。若房屋室内外环境中存在侵蚀性介质，可在构件表面涂抹耐腐蚀层，如沥青漆、过氯乙烯漆、环氧树脂涂料。

（3）做好对屋面隔热层、保温层、室外排水设施以及地基基础等的维护工作，发现问题及时处理，避免由此产生的对结构的不利影响。

（4）房屋的使用应满足设计要求，不得随意改变用途、超载甚至对结构进行改造。

（三）钢结构的腐蚀防护与保养

1. 钢结构的腐蚀防护

钢结构的防腐蚀方法基本上有以下几种：（1）在钢材表面用金属镀层保护，如采用热浸镀锌方法在钢材表面形成一个铁锌合金保护层；（2）对水下或地下钢结构采用阴极保护；（3）在钢材表面涂以防腐涂料；（4）在钢材表面采用复合保护层，即在金属镀层表面再涂防腐涂料。

目前，在钢结构中采用防腐涂料防锈是最常用的办法。涂料分为底漆和面漆两类。底漆与钢材表面的粘结附着力强,且与面漆结合性好;面漆成膜后有光泽,主要作用是保护下层底漆,使潮气和有害气体不能渗入底漆,并有抗风化功能。

对防腐涂料的选用应考虑钢结构所处环境和侵蚀介质的性质。对于酸性介质,宜选用耐酸性能好的酚醛树脂漆;对于碱性介质,则应选用耐碱性能较好的环氧树脂漆。此外还应考虑底漆和面漆之间的配套。

2. 钢结构的保养

《民用建筑可靠性鉴定标准》第五条、第三条、第四条规定的关于钢结构构件和连接件的锈蚀鉴定标准如下:

如果面漆脱落面积(包括起鼓面积),对于普通钢结构不大于15%,对于薄壁型钢和轻钢结构不大于 10%,且底漆基本完好,但边角处可能有锈蚀,易锈部位的平面上有少量点蚀的,则可不采取措施。

如果面漆脱落面积(包括起鼓面积),对于普通钢结构大于15%,对于薄壁型钢和轻钢结构大于 10%,底漆锈蚀面积正在扩大,易锈部位可见到麻面状锈蚀的,则应重新涂装。重新涂装前应进行表面处理,彻底清除结构表面的积灰、污垢、铁锈及其他附着物,除锈后涂漆维护。

第三节 房屋结构的加固

《城市危险房屋管理规定》明确指出:"房屋所有人对危险房屋能解危的,要及时解危;解危暂时有困难的,应采取安全措施。房屋所有人对经鉴定的危险房屋,必须按照鉴定机构的处理建议,及时加固或修缮处理;如房屋所有人拒不按照处理建议修缮治理,或使用人有阻碍行为的,房地产行政主管部门有权指定有关部门代修,或采取其他强制措施。发生的费用由责任人承担。"房屋结构加固质量,直接影响到整个房屋的安全,关系到使用人的生命和财产安全问题。

一、钢筋混凝土结构工程的加固

钢筋混凝土结构出现质量问题,除了倒塌断裂等问题必须重新制作外,通常情况下可以用加固的办法进行处理。以下是几种简单的加固方法。

(一)加大断面法

混凝土构件因孔洞、蜂窝或强度达不到设计要求需加固时,可用扩大断面、增加钢筋的方法。扩大的断面可用单面、双面、三面及四面包套的方法,所需增加的断面面积一般应通过计算确定。由于增加的断面部分往往较小,故常用细石混凝土,增加的钢筋应与原构件钢筋有可靠连接。这种加固方法的优点是技术要求不高,易于掌握,因此常用来加固柱、梁、板、屋架弦杆和腹杆及连接的节点。其缺点是施工繁杂、工序多、现场施工时间长。

(二) 喷射混凝土法

喷射混凝土(或喷浆)是用压缩空气将水泥砂浆或细石混凝土喷射到受喷面上,保护、参与和替代原结构工作,以恢复和提高结构的承载力、刚度和耐久性。这种方法常用于结构或构件的局部损伤情况,如蜂窝、孔洞、疏松等质量缺陷,也可用来加强整个构件的混凝土强度,在建筑物的加固中应用较广泛,常常与钢筋网、钢丝网、钢筋套箍、扒钉等共同使用。其特点如下:喷射层以原有结构作为附着面的,不需要另外加设模板,高空作业施工较方便;喷射层密度较大的,除满足强度要求外,还需具有较高的抗渗性;在喷射混凝土中掺入速凝剂,可大大提高施工速度,缩短工期。需要注意的是使用喷射混凝土(或喷浆)加固法在施工完毕后,加强喷射层的养护是非常重要的。

(三) 粘钢补强法

采用高强粘结剂,将钢板粘于钢筋混凝土构件需要补强部分的表面,以达到增强构件承载力的目的。例如,对跨中抗弯能力不够的梁,可将钢板粘于梁跨中间的下边缘;对于支座处抵抗负弯矩不足的梁,可在梁的支座截面处上边缘粘贴钢板;对于抗剪不够的梁,可在梁的两侧粘贴钢板。粘贴钢板的截面大小可由承载力计算确定。一般钢板的厚度为 3mm~5mm,粘结前应除锈并将粘结面打毛(粗糙化),以增强粘结力。粘钢板施工后 3 天即可正常受力,发挥作用。这种方法不占室内使用空间,几乎不增加被加固构件的断面尺寸和重量,粘结剂硬化速度快,可在短时间内达到需要的强度;另外,粘结剂的粘结强度高于混凝土等材料的强度,可使加固体系形成一个良好的整体,受力均匀,不会在混凝土中产生应力集中现象,可大幅度提高结构构件的抗裂性,抑制裂缝的开展扩大,提高承载力。但是,此项技术工艺要求较高,且目前胶粘剂的耐高温性能差。此外,胶粘剂的老化问题也需要进一步研究、解决。

(四) 焊接钢筋或钢板法

焊接钢筋或钢板法是将钢板或钢筋、型钢焊接于原构件的主筋上的做法,此法适用于整体构件的加固。通常做法是:将混凝土保护层凿开,使主筋外露,用直径大于 20mm 的短筋把新增加的钢筋、钢板与原构件主筋焊接在一起;然后用混凝土或砂浆将钢筋包裹住。因焊接时钢筋受热,形成焊接应力,施工中应注意添加临时支撑,并事先设计好施焊顺序。目前这种方法常与扩大断面法结合使用。

(五) 锚结钢板法

由于冲击钻及膨胀螺栓的应用,可以将钢板锚结于混凝土构件上,以达到加固补强的目的。其优点是:可充分发挥钢材的延性性能,锚结速度快,锚结构件可立即承受外力作用。选用的锚结钢板可以厚一点，甚至用型钢，这样可大幅度提高构件承载力。当混凝土孔洞较多、破损面大而不能采用粘钢补强法时，则用锚结法效果更好。其缺点是：加固后表面不平整美观，对钢筋密集区锚栓困难，钢材孔径位置加工精度要求较高，并且锚栓对原构件会产生局部损伤，处理不当会起反作用。

（六）预应力加固法

预应力加固法是采用预加应力的钢杆或撑杆对结构进行加固的做法。钢拉杆的形式主要有水平拉杆、下撑式拉杆和组合式拉杆三种。这种方法不减小使用空间，不仅可提高构件的承载力，而且可减小梁、板的挠度，缩小原来梁的裂缝宽度甚至使之闭合。这种方法广泛用于加固受弯构件（梁、板类构件），也可用于加固柱子，但这种方法不宜用于处在高温环境下的混凝土结构。

（七）其他加固方法

除上述常用的加固方法外，还可以根据工程具体情况采用其他加固方法。例如：增设支点法，以减小梁的跨度；另加平行受力构件，如外包钢桁架、钢套柱；增加圈梁、拉杆，增加支撑以加强房屋的整体刚度等。

二、钢结构的一般加固方法与注意事项

（一）钢结构的一般加固方法

1. 增加构件截面面积

增大构件截面的做法具有一定的灵活性，可根据加固要求、现有钢材种类、施工是否方便等因素选定。新增的截面大小应通过计算确定，以满足强度和稳定性要求。增大截面的钢材与原有结构的连接，可根据具体情况采用焊接、铆接、螺栓连接等方法。

2. 增设附着式桁架

在原结构上增设附着式桁架，形成原结构与桁架联合体系。附着式桁架常用于受弯构件的加固。加固时可将原构件视作桁架上（下）弦，从而增设下（上）弦及腹杆。

3. 增设跨中支座或增加支撑

在受弯构件增设中间支座以减少计算跨度；对受压构件增设支撑以减少计算长度、增大承载力和稳定性。另外，亦可考虑新增梁、柱以分担荷载。

4. 改为劲性钢筋混凝土结构

在钢结构（或构件）四周注入混凝土，使钢柱变为劲性钢筋混凝土梁柱。这种加固由于构件自重加大，故必须通过结构计算方能采用，它适用于露天、侵蚀性较强及高温条件下的钢结构。

（二）确定钢结构加固方案时应注意的问题

确定钢结构加固方案时，应以方便施工、不影响或少影响生产以及加固效果良好为前

提,因此应注意以下问题:

(1) 钢结构加固以焊接为主,但应避免仰焊。

(2) 若不能采用焊接或施焊有特殊困难时,可用高强螺栓或铆钉加固(不得已时可用精制螺栓代替),不得采用粗制螺栓。

(3) 结构加固应在原位置上,利用原有结构在承载状态下或卸载及局部卸载情况下进行,不得已时才将原有结构拆除卸下进行。当原结构加固量太大时,可将原结构改造后用于他处,另以新结构代替。

(4) 当用焊接加固时,应在0℃以上(最好大于或等于10℃)的温度条件下施焊。若在承载状态下加固,则应尽量减轻或卸掉活荷载以减少其应力,并避免设备振动的影响,加固时原有构件(或连接)的应力不宜大于容许应力的60%,最多不得超过80%,但此时必须制定安全可靠的施工方案,以免发生事故。

(5) 当用铆钉或螺栓在承载状态下加固时,原有构件(或连接)因加固而削弱剩余的截面应力不应超过规范规定的容许应力。

(6) 对轻钢结构杆件,因其截面过小,在承载状态下,不得采用电焊加固。

(三) 钢结构加固施工中应注意的问题

(1) 加固时,必须保证结构的稳定,应事先检查各连接点是否牢固,必要时可先加固连接点或增设临时支撑,待加固完毕后拆除。

(2) 原结构在加固前必须清理表面、刮除锈迹,以利施工。加固完毕后,再涂刷油漆。

(3) 对结构上的缺陷损伤(包括位移、翘曲等),一般应首先予以修复,再进行加固。加固时,应先装配好全部加固零件,然后采用先两端后中间的方法用点焊固定。

(4) 在荷载下用焊接加固时,应慎重选择焊接工艺(如电流、电压、焊条直径、焊接速度等),使被加固构件不致因过度灼热而丧失承载力。

(5) 在承载状态下加固时,确定施工焊接程序应遵循下列原则:① 让焊接应力(焊缝和钢材冷却时收缩应力)尽量减少,并能促使构件卸载。为此,在实腹梁中宜先加固下翼缘。在桁架结构中应先加固下弦后再加固上弦。② 先加固最薄弱的部位和应力较高的杆件。③ 凡能立即起到补强作用,并对原断面强度影响较小的部位先施焊。

三、砌体的加固方法

当砌体的裂缝是因强度不足而引起的,或已有倒塌先兆时,必须采取加固措施。常用的加固方法,如表10-1所示。

表 10-1　砌体的加固方法

序号	加固方法	适用条件
1	水泥灌浆法	砌体裂缝后补强
2	扩大砌体截面法	适用于砌体承载力不足但砌体尚未压裂,或仅有轻微裂缝,且扩大截面面积不太大的情况
3	钢筋水泥夹板墙	墙承载能力不足
4	外包钢筋混凝土	砖柱与窗间墙承载力不足
5	增设或扩大扶壁柱	砌体承载力和稳定性不强
6	外包钢	砖柱或窗间墙承载力不足
7	托梁加垫	梁下砌体局部承压能力不足
8	托梁换柱或加柱	砌体承载力严重不足,砌体碎裂严重,可能倒塌的情况
9	增加预应力撑杆	大梁下砌体承载力严重不足
10	增设钢拉杆	纵横墙连接不良,墙稳定性不足
11	增加横墙或将柱承重改为墙承重	弹性方案改为刚性方案;砖柱承载力不足改为砖墙,成为小开间建筑

本 章 小 结

本章介绍了房屋基础和结构的维护以及房屋结构的加固。房屋基础的维护应注意：（1）正确使用,避免大幅度超载；（2）加强房屋周围上下水管道设施的管理,防止地基浸水；（3）保持勒脚完整,防止基础受损削弱；（4）做好采暖保温工作,防止地冻损害；（5）特殊土地区地基要按有关规范和当地经验进行防护。

房屋结构维护包括房屋装修过程中的墙体结构安全和砌体结构、钢筋混凝土结构、钢结构的养护等。房屋装修过程中的墙体拆改,将直接导致墙体裂缝、地面渗水、阳台坍塌、节能设施破坏、结构抗震强度降低、邻里纠纷增加等,因此物业管理人员应给予特别重视。房屋装修尤其是在住宅装修中,应严格遵守《住宅室内装饰装修管理办法》的有关规定。

不同结构房屋的加固采用的方法也各异,钢筋混凝土结构工程的加固方法有：加大断面法、喷射混凝土法、粘钢补强法、接钢筋或钢板法、锚结钢板法、预应力加固法。钢结构的加固方法有：增加构件截面面积、增设附着式桁架、增设跨中支座或增加支撑、改为劲性钢筋混凝土结构。砌体的加固方法主要有：水泥灌浆法、扩大砌体截面法、钢筋水泥夹板墙、外包钢筋混凝土、增设或扩大扶壁柱、托梁换柱等。

思考与讨论

1. 在房屋装饰装修过程中如何保证墙体结构安全？在《住宅室内装饰装修管理办法》中有哪些具体规定？
2. 在房屋使用过程中，如何对砖砌体结构进行日常养护？
3. 在房屋使用过程中，如何对钢筋混凝土结构进行日常养护？
4. 如何保养钢结构构件？
5. 简述混凝土结构、钢结构的加固方法。
6. 在钢结构加固施工中应注意哪些问题？
7. 在确定钢结构加固施工方案时应注意哪些问题？

第十一章 楼地面维护

学习目标

1. 掌握水泥砂浆楼地面的维修方法和质量要求。
2. 熟悉楼地面日常养护管理工作的内容。

导言

房屋的楼地面具有保护楼地层结构、改善房间使用效果和增加美观效果等作用,因此备受人们的关注和重视。楼地面的种类较多,有水泥砂浆地面、水磨石地面、板块地面、木地面等。关于楼地面的构造做法已在上篇中作了详细阐述,本章仅介绍最容易出现问题的水泥砂浆地面的维修和楼地面的日常养护知识。

第一节 水泥砂浆楼地面的维修

水泥砂浆楼地面经常会出现起砂、空鼓和开裂等情况,一旦出现这类质量问题,就要及时进行维修。楼地面起砂,是指楼地面表面光洁度差,颜色发白不结实,表面先有松散的水泥灰,随着走动增多,砂粒逐步松动,直至成片水泥硬壳剥落。楼地面空鼓,是指楼地面面层与基层之间有间隙,在外力作用下有空鼓声,容易开裂,严重时大面积剥落,破坏地面使用功能。

一、起砂的维修

修理时,如果面层起砂的面积较小,应先把起砂部分铲除,清理出坚硬的表面,再重做水泥砂浆面层。如果面层起砂的面积较大,可做一层 107 胶水泥浆面层,其具体做法是:首先将面层浮砂清除干净,并用水湿润;其次在底层刮一遍胶浆,胶浆的配合比为水泥:107 胶=1:0.2,加适当水调至胶状,再用刮板刮平;再次是待底层胶浆初凝后,刷面层胶浆 2~3 遍,每刷一遍面胶之前,要先将表面打磨平整光滑,面层胶浆的配合比为水泥:107

胶=1∶0.2，加适量水；最后是面层终凝后，进行养护。当起砂情况较重时，可用钢丝刷将起砂部位的面层清刷干净，用水充分湿润后抹107胶水泥浆，其配合比可选107胶∶水泥∶中砂=1∶5∶2.5，厚度以3mm～4mm为宜，待砂浆终凝以后，覆盖锯末洒水养护7天。如起砂较轻可用107胶水泥浆涂抹，按107胶∶水泥=1∶2的配合比拌和后，第一遍涂刷0.5mm左右，第二天再涂刷第二遍厚1mm～2mm，然后覆盖锯末洒水养护7天。

二、空鼓、开裂的维修

对于局部空鼓、开裂现象，修补时应将损坏部位的灰皮用锋利的錾子剔除掉，并将四周凿进结合良好处30mm～50mm，剔成坡槎，用水冲洗干净，补抹1∶2.5水泥砂浆。如厚度超过15mm，应分层补抹，并留出3mm～4mm深度，待砂浆终凝后，再抹3mm～4mm厚107胶水泥砂浆面层，并用铁抹子压光。待面层终凝后覆盖锯末洒水养护。如果整间楼地面普遍空鼓开裂，应铲除整个面层，将基层面凿毛，并按水泥砂浆楼地面的施工要求重做。

三、裂缝的维修

伴随空鼓出现的开裂，应按空鼓的维修方法进行维修；对由于地基基础不均匀沉降引起的裂缝，应先整治地基基础，再修补裂缝；对预制板板缝出现的裂缝，可将板缝凿开，适当凿毛清理干净，在板缝内先刷纯水泥砂浆，然后浇灌细石混凝土，面层抹水泥砂浆压平压光；对于一般的裂缝，可将裂缝凿成V形，用水冲洗干净后，再用1∶（1～1.2）的水泥砂浆嵌缝抹平压光即可。对于大面积裂缝，且影响使用的面层应铲除重做。具体方法如下：首先铲除有裂缝的面层，清扫干净，并用水浇湿；其次是在找平层或垫层上刷一道1∶1水泥砂浆，然后用1∶3的水泥砂浆找平，挤压密实，使新旧面层接缝严密；再次是待找平后，撒1∶1水泥沙子，随撒随压光，一次成活；最后待面层做好后，如果用指甲在面层上刻划不起痕，则浇水养护。

四、水泥砂浆地面维修的质量要求

水泥砂浆地面维修的质量要求如下：（1）水泥砂浆的强度和密度符合设计要求；（2）面层和基层结合牢固。如果用小锤轻击检查，在一个检查范围内出现空鼓不应多于两处，且每处空鼓的面积不大于400cm^2，就表示结合牢固；（3）水泥砂浆面层表面洁净，无裂纹、麻面、起砂等现象；（4）作局部修补时，新旧水泥砂浆面层交接处应密实、牢固、平顺。

第二节 楼地面日常养护管理工作

建筑物的楼地面按结构形式或材料构成可分为整体式楼地面（水泥砂浆、水磨石）、板块式楼地面（大理石、花岗岩、预制水磨石铺贴、釉面砖、水泥花阶砖等）、木地板（空铺式、实铺式等）等数种。搞好房屋楼地面的养护工作，对于保证房屋的使用功能、延长房屋的使用寿命和保持房屋的美观都有重要意义。在日常养护管理工作中有关部门应相互配合，尽职尽责。

一、加强宣传、指导工作，建立健全技术档案，做好技术检查工作

房屋建筑管理与物业管理部门在楼地面日常养护管理工作中的职责主要包括如下两点：

（1）房屋建筑管理部门应向用户开展宣传、教育工作，使用户了解楼地面保养的一般知识，并制定相应的制度，共同遵守执行。当用户对楼地面进行改造时，应对其加以指导，以避免施工不当造成楼地面的损坏。

（2）物业管理部门应建立健全技术档案，做好技术检查工作。房屋的技术资料是研究建筑技术状态，确定维修养护的依据，它包括房屋设计、施工资料，历年检查病害记录，使用情况等。这些资料应装订成册，为以后的修缮管理提供可靠的数据。对房屋楼地面进行经常性检查、重点检查和年度检查，可以及时发现房屋的病害状态、病害原因，从而及时进行养护和修缮，防止病害的进一步发展，保证房屋楼地面的使用功能。

二、业主与用户的职责

业主与用户的职责包括：

（1）保持上下水管道不漏不堵。房屋的上下水管道应经常保养，使其处于良好的状态，防止管道漏水。发现管道漏水时要及时进行修理或先暂停使用，不能耽误时间。厨厕间地漏易被堵塞，应经常疏通，以避免造成室内积水，渗入地板。

（2）保持室内良好通风，避免室内受潮。楼地面及基层容易受潮，特别是首层地面由于地下潮湿容易受影响而受潮，因此对有些楼地面有一定损害。如果水磨石在空气湿度过大时有凝结水发生，则木地板容易受潮腐烂。因此，在日常使用中应经常保持室内通风，保持楼地面及基层干燥。室内使用空调时，不要把室内温度降到空气露点（或以下），否则会有大量露水凝结在地面、墙壁等部位，使其严重受潮。

（3）不要在楼地面上随意敲击、敲打物体或拖拉重物。在楼地面层上随意敲击、敲打物体，会使楼地面空鼓、开裂、破损，拖拉重物会出现起砂或破坏面层，所以应避免重物

撞击地面或在楼地面上拖拉重物。

（4）经常保持楼地面面层的清洁。经常抹擦楼地面，保持干净卫生。对于水磨石、木地板、大理石等楼地面还需定期打蜡，对陈旧的木地板要重新油漆。这样楼地面才既能经久耐用，又能保持美观。

（5）做好白蚁防治工作。尤其对于木地板要做好对白蚁的防治工作，对飞入室内的白蚁要及时消灭。使房屋清洁，保持通风干燥，消除白蚁的生长条件，必要时可以在木地板下喷洒或涂刷防白蚁的药剂。对木地板出现的裂缝、破损要及时修补，以防白蚁进入繁殖。

（6）及时进行小修小补。在正常使用情况下，楼地面总会发生一些小的损坏。如楼地面局部起砂、空鼓、微裂缝等，都应及时修复。否则，损坏程度会越来越严重，影响生产、生活的正常进行。同时，要注意季节的变化，及时做好防寒、防暑、防雷、防漏、防火等方面的检查。并通过定期和不定期的全面检查、用户报修和联系的办法，及时发现问题并进行修复，以保证楼地面经常处于良好的使用状态。

本 章 小 结

本章简要介绍了水泥砂浆楼地面的维修和楼地面日常养护管理工作。水泥砂浆楼地面经常会出现起砂、空鼓和开裂等情况，一旦出现这类质量问题，就要及时进行维修。

楼地面起砂，是指楼地面表面光洁度差，颜色发白不结实，表面先有松散的水泥灰，随着走动增多，砂粒逐步松动，直至成片水泥硬壳剥落。楼地面空鼓，是指楼地面面层与基层之间有间隙，在外力作用下有空鼓声，容易开裂，严重时大面积剥落，破坏地面使用功能。伴随空鼓出现的开裂，应按空鼓的维修方法进行维修；由于地基基础不均匀沉降引起的裂缝，应先整治地基基础，再修补裂缝；对预制板板缝出现的裂缝，可将板缝凿开，适当凿毛清理干净，在板缝内先刷纯水泥砂浆，然后浇灌细石混凝土，面层抹水泥砂浆压平压光。

搞好房屋楼地面的养护工作，对于保证房屋的使用功能、延长房屋的使用寿命和保持房屋的美观都有重要意义。在日常养护管理工作中有关部门应相互配合，尽职尽责。

思考与讨论

1. 楼地面日常养护管理工作有哪些？
2. 普通水泥砂浆楼地面起砂、空鼓、开裂的维修措施有哪些？

第十二章 防水工程维护

学习目标

1. 熟悉屋面防水检查和养护管理的内容。
2. 熟悉地下工程防水常见的问题和维修方法。
3. 熟悉卫生间聚氨脂涂膜防水涂料施工方法及堵漏技术。

导言

防水工程主要涉及屋面、地下工程和卫生间。屋面是房屋建筑中起覆盖作用的维护结构,它可以防御风、雨、雪、太阳辐射热和冬季低温等侵害,承受作用于屋顶上的风荷载、雪荷载、使用荷载(上人屋顶)、检修荷载和屋顶自重等,还关系到房屋建筑的整体形象和美观。地下工程是房屋建筑的重要组成部分,从功能上分为军事、民用、工业、交通等几种类型。城市房屋的地下工程一般用作人防、设备层、车库和仓储。卫生间也是建筑物中不可忽视的防水工程部位。

第一节 屋面防水的养护

屋面经常出现的问题是渗水漏雨。渗水漏雨不仅直接影响人们的生产生活,而且侵入后的雨水会使屋面潮湿,长时间如此将导致房屋结构出现问题,甚至发生危险。因此,在屋面工程的养护管理中,防止和处理屋面渗水漏雨是主要问题。

一、屋面防水检查

屋面不仅受到紫外线、放射线、大气污染物以及雨雪和温度变化等自然因素的影响,而且在屋面上还有管道及机械配套设施,致使屋面防水处理变得非常复杂。再加上屋面防水的现场施工条件受限制,所以很难保证屋面防水的稳定性。因此,做好屋面防水的定期检查与养护是保证建筑物正常使用的关键环节之一。

检查部位和内容

1. 防水层部分

(1) 沥青防水、卷材防水和涂膜防水的防水层。主要检查是否有下列问题：防水层发生老化；防水层发生龟裂，造成屋面防水层断裂，引起屋面漏水；在防水层的接缝处发生剥离等。

(2) 砂浆防水层。主要检查是否有下列问题：基底混凝土出现龟裂，造成砂浆防水层龟裂，从而引起屋面漏水；屋面砂浆防水层龟裂，造成局部防水层剥离等现象。

(3) 可上人屋面的混凝土保护层。主要检查是否具有由于防水层、保温材料的老化及混凝土的收缩而产生的龟裂现象。

(4) 伸缩缝。主要检查是否有屋面防水层凹凸不平或隆起，致使接缝材料发生老化变形的现象。

(5) 露天防水层的保护涂层。主要检查露天防水层是否有褪色、剥离现象。

(6) 防水层金属固定件。主要检查金属固定件是否有生锈、腐蚀、老化等现象。

2. 女儿墙和墙体挡雨板

(1) 金属压顶盖板和挡雨板。主要检查是否有下列问题：铝制压顶盖板发生腐蚀；黏附上铁粉或灰尘的不锈钢的压顶盖板生锈；接缝处密封胶发生剥离、断裂等现象。

(2) 砂浆抹面压顶和挡雨板。主要检查砂浆层是否存在裂缝并剥离脱落的现象。

(3) 混凝土压顶和挡雨板。主要检查是否有混凝土压顶裂缝，致使雨水侵入到防水层里面，造成漏水现象。

3. 屋面及屋顶的建筑五金扶手、屋顶护栏和扶梯

主要检查是否有下列问题：由于表面喷涂层的老化，屋顶的建筑五金发生锈蚀；金属件固定部位的混凝土发生裂缝，导致雨水渗入，从而造成冻害，使混凝土层遭到损害；扶手等固定部位的密封胶老化等。

4. 屋顶排水口

主要检查是否有下列问题：由于灰尘、泥土等堵塞排水口，冬季发生冻害现象；暴风雨时侵入雨水，导致排水口处溢流。

5. 落水管

主要检查是否有下列问题：由于灰尘、泥土等堵塞落水管，造成落水管排水不畅，加速落水管材料的老化变质；积雪、强风、冰柱造成落水管金属支撑件的损坏；落水管和支撑件发生老化等现象。

6. 金属屋面板

主要检查是否有下列问题：强风、积雪造成金属屋面板的固定材料松动，致使屋面板卷起；涂料发生老化及锈蚀等现象。

二、屋面的养护管理

屋面的养护管理包括对屋面的保养、检查及维修等多项内容。做好养护工作、不但可延长屋面防水层的使用寿命，还可在营造良好的生活工作环境的同时，节省房屋维修费用，房屋的日常养护管理主要应做好以下几个方面的工作。

（一）屋面的清理

屋面及泛水部位的杂物、垃圾、尘土、杂草等应及时清除，以使排水设施保持排水畅顺。一般非上人屋面每季度清扫一次，特别是雨季前必须进行一次清扫。对于上人屋面除经常打扫外，每月要进行一次大扫除，清扫重点在水沟和落水口。高楼下的屋面，因高层住户可能向外乱丢杂物，使屋面垃圾增多，故也要认真清扫，使屋面排水通畅。

（二）屋面设施的管理

（1）非上人屋面上的检查口及爬梯应设有标志，标明非工作人员禁止上屋面。

（2）不得随意在屋面上设置电视天线等设施。若必须设置，须保证不影响防水层的完整和屋面排水，并且事先要经房屋管理部门同意并做好实施记录。

（3）不得将缆风绳直接绑在卷材防水层上，以防止油毡发生腐烂或因接触面小而压破油毡。

（4）不允许在屋面上堆放杂物、盖小房屋等。

（三）屋面的维修

（1）根据前述检查结果，结合屋面原防水做法以及发生变化的情况，按照经济有效的原则，预定补漏材料。

（2）根据屋面漏雨部位、面积大小和严重程度的不同，确定工作方法，并编制施工操作技术方案。

（3）局部修补时，对屋面其余部位应采取保护性措施，防止任意堆物、堆料损伤完好部位。

（4）屋面防水维修的专业性和技术性都很强，必须由专业维修施工队伍来进行维修施工。

第二节　地下防水工程的维护

地下防水工程最常见的问题与屋面工程类似，主要是地下室的渗漏。因此，防水工程就成为地下工程最为重要的组成部分。本节仅就地下防水工程经常出现的问题加以分析，并就维修治理工作提出相应的具体措施。

一、地下卷材防水工程的常见问题与维修

（一）空鼓与维修

卷材防水层空鼓，多是因为卷材防水层的基层含水率高，造成这一现象的原因是找平层未干燥就施工制作卷材防水层，将湿气封在里面，这些湿气遇热膨胀使防水层鼓起；另外，铺贴油毡卷材时压得不紧，粘贴不密实，留住操作时的热气，使卷材起泡、空鼓。在施工时注意基层要干燥，操作中应压实粘紧，不要存留气体，即可防止空鼓的发生。

（二）渗漏与维修

地下卷材防水工程渗漏主要发生在穿墙管、螺栓、变形缝和卷材接槎处，其原因是：

（1）这些特殊部位的基层处理不好，结构不密实，找平层收头不严密，卷材附加层收边不严，卷材裁割不规矩。

（2）变形缝止水带捻压不好，结构变形。

（3）卷材接槎处先后施工的接槎卷材有破损，铺粘不严。

施工中应根据部位的不同，采取规范的处理方法，操作时认真按形状剪裁卷材，将周边压平贴严，粘结牢固，在完成这些部位附加层铺贴后，精心检查、验收。

二、防水混凝土蜂窝、麻面、孔洞渗漏水与维修

现象：砼局部酥松，砂浆少、石子多，石子间形成蜂窝；砼表面局部缺浆粗糙、有许多小凹坑，但无露筋；砼内有空腔，不密实。

根据蜂窝、麻面、孔洞的具体情况、渗漏水状况及水压大小等情况，查明渗漏水的部位，然后进行堵漏和修补处理。堵漏和修补处理可依次进行或同时穿插进行。可采用促凝灰浆、氰凝灌浆、集水井等堵漏法。蜂窝、麻面不严重的可采用水泥砂浆抹面法；蜂窝、孔洞面积不大但较深的，可采用水泥砂浆捻实法；蜂窝、孔洞严重的，可采用水泥压浆或混凝土浇筑的方法。

三、防水混凝土施工缝渗漏水与维修

防水混凝土施工缝渗漏水是指施工缝处混凝土松散，骨料集中，接槎明显，沿缝隙处渗漏水。对此，应根据渗漏水状况、水压大小等情况，采用促凝胶浆或氰凝灌浆堵漏。

对不渗漏的施工缝，可沿缝剔成八字形凹槽，将松散石子剔除，再用水泥素浆打底，抹 1∶2.5 水泥砂浆找平压实。

四、预埋件部位渗漏水与维修

预埋件部位渗漏水是指沿预埋件周边或预埋件附近出现渗漏水。维修处理的方法是：（1）先将周边剔成环形裂缝，后用促凝胶浆或氰凝灌浆堵漏方法处理。（2）严重的需将预埋件拆除，制成预制块，其表面抹好防水层，并剔凿出凹槽供埋设预制块用。埋设前在凹槽内先嵌入快凝砂浆，再迅速埋入预制块。待快凝砂浆具有一定强度后，周边用胶浆堵塞，并用素浆嵌实，然后分层抹防水层补平。（3）如果埋件密集，可用水泥压浆法灌入快凝水泥浆，待凝固后，漏水量明显下降时，再参照上面两条处理。

五、水泥砂浆防水层管道穿过部位渗漏水与维修

水泥砂浆防水层管道穿过部位渗漏水一般是指常温管道周边有不同程度的渗漏，以及热力管道周边防水层隆起或酥浆，并在此外渗漏水。维修处理的方法是：（1）热力管道穿透内墙部位出现渗漏水时，可剔大穿管孔眼，采用预制半圆混凝土套管法处理。即将热力管道带填料埋在半圆形混凝土套管内，然后用两个半圆混凝土套管包住热力管道。半圆混凝土套管外表是粗糙的，在半圆混凝土套管与原混凝土之间再用促凝胶浆或氰凝灌浆堵塞处理。（2）热力管道穿透外墙部位出现渗漏水时，需将地下水位降低至管道标高以下，用设置橡胶止水套的方法处理。

六、地下防水工程的养护管理工作

对地下防水工程要定期检查，检查的部位主要包括：施工缝、沉降缝、后浇带、管道穿过外墙的部位和外墙预埋件部位等。

对检查发现的渗漏部位必须及时维修，以免渗漏量加大和渗漏部位扩大；同时注意对混凝土外墙面的保护。对混凝土表面出现的蜂窝、麻面、孔洞、裂缝等也要及时维修，以免混凝土表面损坏扩大而造成渗漏。

为保持地下防水工程的完整性，要尽可能避免直接在外墙面和底板上打洞、钉钉或安置膨胀螺栓，如果必须发生上述行为，则要事先制定可行的保护方案。

另外，要建立完整的地下防水工程档案，对渗漏部位要及时登记，便于今后检查。

第三节 卫生间防水工程的维护

由于卫生间的防水施工具有施工面积小、穿墙管道多、设备多、阴阳转角复杂、房间

长期处于潮湿受水状态等不利条件，所以传统的卷材防水做法已经不能适应发展的要求。大量的实验和实践证明，以涂膜防水代替卷材防水，尤其是选用高弹性的聚氨酯涂膜或弹塑性的氯丁胶乳沥青涂料防水，可以使卫生间的地面和墙面形成一个没有接缝、封闭严密的整体防水层，从而提高卫生间的防水工程质量。

一、卫生间地面聚氨酯防水工程的维护

聚氨酯涂膜防水材料是双组份化学反应固化型的高弹性防水涂料，多以甲、乙双组份形式使用。施工用的主要材料有聚氨酯涂膜防水材料甲组份、聚氨酯涂膜防水材料乙组份和无机铝盐防水剂等，施工用的辅助材料有二甲苯、醋酸乙酯、二月桂酸二丁基锡、磷酸和石渣等。

（一）基层处理

卫生间的防水基层必须用1∶3的水泥砂浆找平，要求抹平、压光、无空鼓，表面要坚实，不应有起砂、掉灰现象。抹找平层时在管子根的周围找平层要略高于地面，在地漏的周围，找平层应做成略低于地面的洼坑。找平层的坡度以 1%~2%为宜。阴、阳角处要抹成半径不小于 10mm 的小圆弧。与找平层相连接的管件、卫生洁具、排水口等，必须安装牢固，收头圆滑，按设计要求用密封膏嵌固。基层必须基本干燥，一般在基层表面泛白均匀无明显水印时，才能进行涂膜防水层的施工。施工前要把基层表面的尘土杂物彻底清扫干净。

（二）施工工艺

1. 清理基层

需作防水处理的基层表面，必须彻底清扫干净。

2. 涂布底胶

将聚氨酯甲、乙两组份和二甲苯按1∶1.5∶2的比例（重量比）混合搅拌均匀，再用小滚刷或油漆刷均匀涂在基层表面上。干燥固化4小时以上，才能进行下道工序的施工。

3. 配制聚氨酯涂膜防水涂料

将聚氨酯甲、乙组两组份和二甲苯按1∶1.5∶0.3的比例配合，用电动搅拌器强力搅拌均匀备用。应随配随用，一般最好在2小时内用完。

4. 涂膜防水层施工

用小滚刷或油漆刷将已配好的防水涂料均匀涂布在底胶已干固的基层表面上。涂完第一度涂膜后，一般需固化5小时以上，在基本不粘手时，再按上述方法依次涂布第二、三、四度涂膜，并使后一度与前一度的涂布方向相垂直。对管子根和地漏周围以及下水管转角墙部位，必须认真涂刷，涂刷厚度不小于 2mm。在涂刷最后一度涂膜固化前及时稀撒少许干净的粒径为2mm~3mm 的小豆石，使其与涂膜防水层粘结牢固，作为与水泥砂浆保护层

粘结的过渡层。

5. 做好保护层

当聚氨酯涂膜防水层完全固化、通过蓄水试验合格后，即可铺设一层厚度为15mm～25mm的水泥砂浆保护层，然后按设计要求铺设饰面层。

（三）质量要求

聚氨酯涂膜防水材料的技术性能应符合设计要求或标准规定，并应附有质量证明文件和现场取样进行检测的试验报告以及其他有关质量的证明文件。涂膜厚度应均匀一致，总厚度不应小于1.5mm。涂膜防水层必须均匀固化，不应有明显的凹坑、气泡和渗漏水的现象。

二、卫生间涂膜防水施工的注意事项

施工用材料若有毒性，存放材料的仓库和施工现场必须通风良好，无通风条件的地方必须安装机械通风设备。

施工材料多属易燃物质，存放、配料以及施工现场必须严禁烟火，现场要配备足够的消防器材。

在施工过程中，严禁踩踏未完全干燥的涂膜防水层。操作人员应穿平底胶布鞋，以免损坏涂膜防水层。

凡需做附加补强层的部位应先施工，然后再进行大面防水层施工。

已完工的涂膜防水层，必须经蓄水试验确认无渗漏现象后，方可进行刚性保护层的施工。进行刚性保护层施工时，切勿损坏防水层，以免留下渗漏隐患。

三、卫生间渗漏与堵漏技术

卫生间用水频繁，防水处理不当就会发生渗漏，主要为楼板管道滴漏水、地面积水、墙壁潮湿渗水，甚至下层顶板和墙壁也出现滴水等现象。治理卫生间的渗漏，必须先查找渗漏的部位和原因，然后采取有效的措施。

（一）板面及墙面渗水

板面及墙面渗水的原因在于混凝土、砂浆施工的质量不良，存在微孔渗漏；板面、隔墙出现轻微裂缝以及防水涂层施工质量不好或被损坏。

板面及墙面渗水的堵漏措施包括：

（1）拆除卫生间渗漏部位的饰面材料，涂刷防水涂料。

（2）如有开裂现象，则应先对裂缝进行增强防水处理，再刷防水涂料。增强处理一般采用贴缝法、填缝法和填缝加贴缝法。贴缝法主要适用于微小的裂缝，可刷防水涂料并加贴纤维材料或布条，做防水处理。填缝法主要用于较显著的裂缝，施工时要先进行扩缝处理，将缝扩展成 15mm×15mm 左右的 V 形槽，清理干净后刮填嵌缝材料。填缝加贴缝法除采用填缝处理外，在缝表面再涂刷防水涂料，并粘贴纤维材料。

(3) 当渗漏不严重或饰面拆除有困难时，可直接在其表面刮涂透明或彩色聚氨酯防水涂料。

(二) 卫生洁具及穿楼板管道、排水管口等部位渗漏

卫生洁具及穿楼板管道、排水管口等部位渗漏的原因在于：细部处理方法欠妥，卫生洁具及管口周边填塞不严；由于振动及砂浆、混凝土收缩等原因出现裂隙；卫生洁具及管口周边未用弹性材料处理或施工时嵌缝材料及防水涂料粘结不牢；嵌缝材料及防水涂层被拉裂或拉离粘结面等。

在上述情况下，堵漏措施包括：

(1) 将漏水部位彻底清理，刮填弹性嵌缝材料。

(2) 在渗漏部位涂刷防水涂料，并粘贴纤维材料，增强防水性。

本 章 小 结

本章简要介绍了屋面、地下工程和卫生间防水的维护。在屋面工程的养护管理中，防止和处理屋面渗水、漏雨是主要问题。做好屋面防水的定期检查与养护是保证建筑物正常使用的关键环节之一。检查部位和内容：(1) 防水层部分；(2) 女儿墙和墙体挡雨板；(3) 屋面及屋顶的建筑五金扶手、屋顶护栏和扶梯；(4) 屋顶排水口；(5) 落水管；(6) 金属屋面板。做好屋面养护工作，不但可延长屋面防水层的使用寿命，还可在营造良好的生活工作环境的同时，节省房屋维修费用。

地下防水工程经常出现的问题有：卷材防水层空鼓，卷材防水工程渗漏，防水混凝土蜂窝、麻面、孔洞渗漏，防水混凝土施工缝渗漏，预埋件部位渗漏，水泥砂浆防水层管道穿过部位渗漏。对地下防水工程要定期检查，检查的部位主要包括：施工缝、沉降缝、后浇带、管道穿过外墙的部位和外墙预埋件部位。

卫生间发生渗漏，主要为楼板管道滴漏水、地面积水、墙壁潮湿渗水，甚至下层顶板和墙壁也出现滴水等。治理卫生间的渗漏，必须先查找渗漏的部位和原因，然后采取有效的措施。以涂膜防水代替卷材防水，尤其是选用高弹性的聚氨酯涂膜或弹塑性的氯丁胶乳沥青涂料防水，可以使卫生间的地面和墙面形成一个没有接缝、封闭严密的整体防水层，从而提高卫生间的防水工程质量。

思考与讨论

1. 屋面防水检查的主要内容包括哪些？
2. 屋面防水工程的养护管理工作主要有哪些内容？
3. 地下卷材防水常见的主要问题有哪些？如何处理？
4. 地下防水工程的养护管理工作主要包括哪些内容？

第十三章　门窗与装饰工程维护

学习目标

熟悉门窗工程、装饰工程养护的内容。

导言

门窗犹如建筑的眼睛，装饰犹如建筑的衣裳。门窗不仅有采光、通风等使用功能，还有改善建筑结构、完善建筑视觉效果等装饰功能。同样，房屋装饰不但能增加房屋的美观，创造良好的环境，也能起到保温、隔热、减缓外界环境对房屋的侵蚀，延长房屋建筑寿命的作用。

第一节　门窗工程维护

在日常生活中，由于对房屋外窗维护不及时，遇风雨天气或开关时，经常发生房屋外窗玻璃、窗扇整体坠落伤人事故，严重时会导致死亡事故的发生，在给伤亡者家属带来巨大痛苦的同时，也给房屋使用者带来极大的麻烦。因此，门窗的维修保养工作不可轻视。

一、铝合金门窗、塑料门窗的保养及渗漏防治

（一）铝合金门窗和塑料门窗的保养

由于铝合金门窗和塑料门窗具有良好的材质与诸多优良的工作性能，所以与钢门窗和木门窗相比，它们的维修保养所需的工作量大为减小。在日常保养时应注意以下几点：

（1）检查门框、窗框内外与墙面抹灰层交接处是否存在开裂剥落现象，嵌缝膏是否完好。如果抹灰层破损，嵌缝膏老化，就应及时修补，以防框、墙之间渗水造成连接铁件的锈蚀和间隙内材料保温密封性能的下降。

（2）检查弹性密封条是否与玻璃均匀接触、贴紧，接口处有无间隙、脱槽现象，密封条是否已老化。如果有此类现象，就应及时修复或更换。

（3）检查门窗的框扇有无开焊、断裂等损坏现象。如果有损坏，就应送制造厂家修复

或更换。

（4）更换破碎玻璃时，应先取下门、窗扇上的玻璃压条型材。在去除破碎玻璃时应注意保持原安装玻璃垫块的位置。安装双层玻璃时，应确保玻璃夹层四周原嵌装的中隔条的就位与密封。如果原双层玻璃是组合元件，为便于安装和达到良好的密封效果，应采用门窗制造厂家提供的配套的双层玻璃以及连同中隔条粘成一体的双层玻璃组合元件。安装时将双玻璃单元装入框中，先在窗扇框上嵌装弹性密封条，再将玻璃压条放入框扇内，然后用玻璃压条型材将玻璃固定。安装玻璃压条时，可先将压条带卡脚的一边找准位置卡入嵌槽，再用橡胶锤或木锤轻轻锤击（不允许使用铁锤），将压条压入嵌槽。安装压条时先安装水平压条，后安装竖向压条；先安装短边，后安装长边。压条接头间隙应小于 1mm。

（二）铝合金门窗和塑料门窗的渗漏防治

与钢门窗一样，铝合金及塑料门窗的渗漏也主要出现在门窗框的周边。目前，虽然在铝合金及塑料门窗的安装中开始采用矿棉毡、玻璃棉毡等材料，但水泥砂浆仍是普遍使用的填缝材料。用水泥砂浆做填缝材料不能满足规范的要求，因为水泥砂浆的填塞不密实，而且水泥砂浆的干缩会造成渗漏。此外，由于在门、窗框与墙体的缝隙处打的某些密封膏质量不过关、易老化或施工马虎，也容易引起渗漏。因此，仅靠密封膏一道防水屏障防渗漏就显得不足，若能在填缝层内再设一道防水屏障，防渗漏效果就会大大提高。

近年来在铝合金及塑料门窗的安装中，一种聚氨酯 PU 发泡填缝材料（简称 PU 填缝料）得到较广泛的应用。PU 填缝料由于本身会发泡膨胀，具有较强的粘性，故能保证填缝密实，使门、窗框与填缝料粘结处不会产生裂缝。PU 填缝料还具有低吸水性、不易收缩干裂的特性，故从防治渗漏的角度看，比用水泥砂浆更好，在缝内可充当第二道防水屏障。

二、门窗的日常养护工作

做好门窗的日常养护工作，不但有利于保证其使用功能和保持美观，而且对延长使用寿命有着积极作用，故应对门窗的养护管理给予足够的重视。门窗的养护管理应着重做好以下几个方面的工作。

（一）经常检修，保证使用

门窗在使用中经常开关，是房屋的易损构件，常会发生开关不灵、缝隙过大、小五金配件丢失或损坏等问题。这些小问题如果不及时进行处理，会使损坏进一步扩大而影响美观和使用。因此，物业管理部门对用户报修的门窗项目要及时安排检查和处理，同时物业管理单位或房屋建筑管理部门也要定期对门窗进行检查，发现损坏要及时提出维修项目和维修计划，安排修理。

（二）做好防潮和防寒工作

保证门窗处于正常工作状态，屋内夏季不进水，冬季不进冷风，保持室内干燥，防止潮湿，与延长门窗的使用年限关系极大。因此，发现门窗缝隙、关闭不严和玻璃损坏等问题要及时进行修理，以防进水进风，影响正常使用，且对门窗材料造成腐蚀。

（三）定期进行涂漆

对钢木门窗进行涂漆不仅是为了美观，更重要的是防止门窗受潮、腐蚀。当门窗漆膜局部脱落时应及时进行补漆，补漆尽量和原油漆保持一致，以免妨碍美观。当门窗油漆达到油漆老化期限时，应全部进行重新油漆。一般来说，木门窗为5～7年油饰一次，钢门窗为8～10年油饰一次。对处于恶劣环境的门窗，应缩短重新油饰的间隔期限。

（四）防止外力作用和化学腐蚀

铝合金门窗易变形和被酸、碱等化学物质侵蚀，要加强对铝合金门窗的保护，使其免受外力的破坏、碰撞，避免带有腐蚀性的化学物质与其接触。

（五）加强宣传

物业管理部门和房屋建筑管理人员要对用户进行门窗保护方法的宣传工作，使用户自觉地、正确地使用和保护门窗。

第二节　装饰工程养护

装饰工程包括抹灰、饰面、裱糊、涂料、刷浆、隔断、吊顶、门窗、玻璃、罩面板和花饰安装等内容。它不仅能增加建筑物的美观和艺术效果，而且能改善清洁卫生条件，还有隔热、隔声、防腐、防潮、维护结构耐久性等功能。

一、抹灰工程的养护

抹灰工程要及时修漏、补漏，防止因屋面、楼面渗漏或檐口、阳台、窗台等渗水而造成顶棚、保温层、墙壁的潮湿，以保持内外抹灰面的完好。预防抹灰面受潮，应及时修复失效的墙壁防潮层、防水层，防止因基础渗水受潮而使潮气自墙体上升，影响抹灰的使用寿命；要保证室内经常具有良好的通风条件，避免湿度过大；保证上下水管道不漏、不堵，防止管道漏水侵入墙壁、顶棚，破坏内外抹灰面层；定期检查室内外抹灰层有无损坏处，发现空鼓、裂缝、脱落、爆灰等现象应及时修补，以防损坏范围扩大；保持墙面整洁，保护好墙体阳角和面层。

二、油漆工程的养护

定期检查，发现损坏现象要及时修补；对潮湿的房间要做到经常通风，防止油漆老化；对有油烟的房间，注意排油烟，防止污染漆面；注意对漆面的保护，不要在漆面乱涂、乱画,或发生硬物碰撞;避免漆面与有腐蚀性的介质直接接触,已接触的应及时清理。

三、吊顶的养护

吊顶养护是吊顶养护工作的总称,主要包括以下内容:定期检查吊顶内隐蔽的管线、空调、消防、电力、电信设备是否有漏水、漏电现象,有无虫、蚁、鼠患,发现问题及时处理;注意通风,防止吊顶受潮使材质腐烂;发现吊顶下垂或面板破损,要及时修复;禁止在吊顶上悬挂重物。

其他装饰工程的养护工作大致是以下几点:定期检查,发现问题及时处理,做好使用的宣传工作等。

本 章 小 结

本章简要介绍了门窗工程、装饰工程养护的内容。铝合金门窗和塑料门窗在日常保养时应注意以下几点:(1)检查门框、窗框内外与墙面抹灰层交接处是否存在开裂剥落现象,嵌缝膏是否完好;(2)检查弹性密封条是否与玻璃均匀接触、贴紧,接口处有无间隙、脱槽现象,密封条是否已老化;(3)检查门窗的框扇有无开焊、断裂等损坏现象。与钢门窗一样,铝合金及塑料门窗的渗漏也主要出现在门窗框的周边。除采用水泥砂浆、矿棉毡、玻璃棉毡等材料作填缝材料外,近年来,一种聚氨酯PU发泡填缝材料得到较广泛的应用。

门窗的养护管理应着重做好以下几个方面的工作:经常检修,保证使用;做好防潮和防寒工作;定期进行涂漆;防止外力作用和化学腐蚀;对用户进行门窗保护方法的宣传工作,使用户自觉地、正确地使用和保护门窗。

装饰工程包括抹灰、饰面、裱糊、涂料、刷浆、隔断、吊顶、门窗、玻璃、罩面板和花饰安装等内容,本章主要介绍了抹灰、油漆、吊顶的养护内容。

思考与讨论

1. 铝合金门窗的渗漏防治措施主要包括哪些内容?
2. 抹灰工程的养护工作主要包括哪些内容?

参 考 文 献

1. 中华人民共和国国家标准．建筑地基基础设计规范（GB 50007—2002）．北京：中国建筑工业出版社，2002
2. 中华人民共和国国家标准．地下工程防水技术规范（GB 50108—2008）．北京：中国计划出版社，2009
3. 中华人民共和国国家标准．砌体结构设计规范（GB 50003—2001）．北京：中国建筑工业出版社，2002
4. 中华人民共和国国家标准．建筑设计防火规范（GB 50016—2006）．北京：中国计划出版社，2006
5. 中华人民共和国国家标准．建筑抗震设计规范（GB 50011—2001）．北京：中国建筑工业出版社，2001
6. 中华人民共和国国家标准．民用建筑设计通则（GB 50352—2005）．北京：中国建筑工业出版社，2005
7. 中华人民共和国国家标准．住宅建筑规范（GB 50368—2005）．北京：中国建筑工业出版社，2006
8. 中华人民共和国国家标准．屋面工程技术规范（GB 50345—2004）．北京：中国计划出版社，2009
9. 中华人民共和国国家标准．民用建筑可靠性鉴定标准（GB 50292—1999）．北京：中国建筑工业出版社，1999
10. 中华人民共和国国家标准．建筑地面工程施工质量验收规范（GB50209—2002）．北京：中国建筑工业出版社，2002
11. 中华人民共和国国家标准．混凝土结构加固设计规范（GB50367—2006）．北京：中国建筑工业出版社，2006
12. 中国工程建设标准化协会标准．钢结构加固技术规范（CECS 77:96）．北京：中国建筑工业出版社，1996
13. 中华人民共和国行业标准．民用建筑修缮工程查勘与设计规程（JGJ 117—98）．北京：中国建筑工业出版社，1999
14. 中华人民共和国行业标准．危险房屋鉴定标准（JGJ 125—99）．2004 年版．北京：中国建筑工业出版社，2004

15. 城乡建设环境保护部．房屋完损等级评定标准（试行），城住字〔1984〕第678号，1984年11月8日
16. 中华人民共和国建设部．城市危险房屋管理规定，建设部令第4号，1989年11月21日（2004年7月20日修正）
17. 中华人民共和国建设部．住宅室内装饰装修管理办法，建设部令第110号，2002年3月5日
18. 顾晓鲁，钱鸿缙等．地基与基础．第3版．[M]．北京：中国建筑工业出版社，2003
19. 李必瑜．建筑构造[M]．北京：中国建筑工业出版社，2000
20. 房志勇．房屋建筑构造学[M]．北京：中国建材工业出版社，2003
21. 李必瑜．房屋建筑学[M]．武汉：武汉工业大学出版社，2000
22. 杨金铎．房屋建筑构造[M]．北京：中国建材工业出版社，2003
23. 刘建荣．建筑构造[M]．北京：中国建筑工业出版社，2000
24. 陈保胜．建筑构造资料集[Z]．北京：中国建材工业出版社，1994
25. 颜宏亮．建筑构造设计[M]．上海：同济大学出版社，1999
26. 靳玉芳．房屋建筑学[M]．北京：中国建材工业出版社，2004
27. 王崇杰．房屋建筑学[M]．北京：中国建筑工业出版社，1997
28. 王志军，袁雪峰．房屋建筑学[M]．北京：科学技术出版社，2003
29. 王万江，金少蓉，周振伦．房屋建筑学[M]．重庆：重庆大学出版社，2003
30. 周云亮．建筑物沉降整治与设防[M]．北京：中国建材工业出版社，2000
31. 范锡盛等．建筑物改造与维修加固技术[M]．北京：中国建材工业出版社，2000
32. 江见鲸，陈希哲，崔京浩．建筑事故处理与预防[M]．北京：中国建材工业出版社，1995
33. 王立久，姚少臣．建筑病理学[M]．北京：中国电力出版社，2001
34. 张辉．建筑构造系列图集[Z]．北京：中国建筑工业出版社，2001
35. 良桃，王济川．建筑结构加固改造设计与施工[M]．长沙：湖南大学出版社，2002
36. 彭圣浩．建筑工程质量通病防治手册[Z]．北京：中国建筑工业出版社，2002
37. 唐业清．建筑物改造与病害处理[M]．北京：中国建筑工业出版社，2000
38. 王宗昌，方德鑫，王晓菊．建筑工程质量控制实例[M]．北京：中国建筑工业出版社，2004
39. 北京市建筑设计标准化办公室．建筑构造通用图集[Z]．北京：北京市人居建筑技术开发有限公司，2004
40. 沈家康．房屋结构与维修[M]．北京：中国建筑工业出版社，2003
41. 赵相画等．房屋建筑的维修与养护[M]．郑州：黄河水利出版社，2002
42. 王霄．现代物业经营与管理[M]．北京：中国标准出版社，2000

15. 城乡建设环境保护部、劳动人事部、国家计划委员会、财政部（联合）. 信访条例（1984）第 678 号，1984 年 11 月 5 日.

16. 中华人民共和国国务院. 地下水管理条例（国务院令第 4 号，1989 年 11 月 21 日（2004 年 7 月 20 日修正）.

17. 中华人民共和国国务院. 城市供水价格管理办法，国务院令第 110 号，2002 年 3 月 5 日.

18. 刘俊良. 城市节制用水规划原理与技术，北京：化学工业出版社，2002.
19. 李学德. 建筑给水排水[M]. 武汉：中国建筑工业出版社，2000.
20. 吕士健. 居住区给水排水设计[M]. 北京：中国建筑工业出版社，2003.
21. 李振海. 给排水管道学[M]. 西安：西安交通大学出版社，2000.
22. 任苏宁. 供水管网系统[M]. 北京：中国水利水电出版社，2003.
23. 刘遂庆. 建筑给水排水[M]. 北京：中国建筑工业出版社，2000.
24. 陈卓如. 建筑给水排水和消防[M]. 北京：中国建材工业出版社，1994.
25. 郁其荣. 现代给水排水工程[M]. 上海：同济大学出版社，1999.
26. 郭仁东. 居住区给水排水[M]. 北京：中国建筑工业出版社，2004.
27. 李季林. 给水处理系统[M]. 北京：中国建筑工业出版社，1997.
28. 王高才. 给水排水工程施工技术[M]. 北京：科学技术出版社，2003.
29. 王月川. 李学德. 给水排水管道设计[M]. 重庆：重庆大学出版社，2003.
30. 鲁学仁. 建筑给水排水设计与施工[M]. 北京：中国建筑工业出版社，2000.
31. 张智谋. 给水处理及废水处理学[M]. 北京：中国环境科学出版社，2000.
32. 沈云龙、陈洪军、王永杰. 城市给水排水管网[M]. 北京：中国水利水电出版社，1999.
33. 王立人. 城市排水管网工程[M]. 北京：中国建筑出版社，2001.
34. 孔宪武. 城市化建设的实例[M]. 北京：中国建筑工业出版社，2001.
35. 白春满、王万川. 建筑给水排水工程设计与施工[M]. 长沙：湖南大学出版社，2002.
36. 吴文志. 城市给水排水管网规划与设计[M]. 广东：中国建筑工业出版社，2002.
37. 吕志杰. 建筑给水排水与消防[M]. 北京：中国建筑工业出版社，2000.
38. 王宏远、方雨鑫、王晓英. 建筑工程施工技术[M]. 北京：内部资料，沈阳出版社，2004.
39. 北京市规划委员会主持并组织有关公司. 居住小区建设规划[Z]. 北京：北京市人民出版社发行及新闻出版社，2004.
40. 朱宝银. 给排水施工与预算[M]. 北京：中国建筑工业出版社，2003.
41. 吴春华等. 给排水管道施工与预算[M]. 郑州：黄河水利出版社，2002.
42. 王安. 建筑给水排水工程[M]. 北京：中国铁道出版社，2000.